Box-vellum

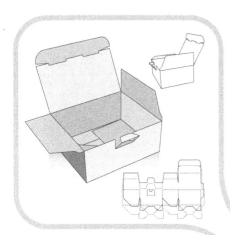

包装结构设计
实用教程

宋晓利 张改梅 | 主 编

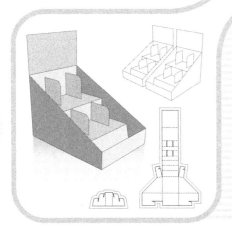

BOX-VELLUM

BAOZHUANG JIEGOU SHEJI

SHIYONG JIAOCHENG

文化发展出版社
Cultural Development Press

图书在版编目（CIP）数据

Box-vellum包装结构设计实用教程 ／ 宋晓利，张改梅主编. — 北京：文化发展出版社，2022.3

ISBN 978-7-5142-3485-5

Ⅰ．①B… Ⅱ．①宋… ②张… Ⅲ．①包装设计－结构设计－教材 Ⅳ．①TB482.2

中国版本图书馆CIP数据核字(2021)第104942号

Box-vellum 包装结构设计实用教程

主　　编：宋晓利　张改梅

责任编辑：李　毅

执行编辑：杨　琪　　　　　　　责任校对：岳智勇

责任印制：邓辉明　　　　　　　责任设计：侯　铮

出版发行：文化发展出版社（北京市翠微路2号 邮编：100036）

网　　址：www.wenhuafazhan.com

经　　销：各地新华书店

印　　刷：北京建宏印刷有限公司

开　　本：787mm×1092mm　　1/16

字　　数：217千字

印　　张：18.625

版　　次：2022年3月第1版

印　　次：2022年3月第1次

定　　价：65.00元

ＩＳＢＮ：978-7-5142-3485-5

◆ 如发现任何质量问题请与我社发行部联系。发行部电话：010-88275710

前言

　　随着人们生活水平的不断提高，人们对商品的包装有了越来越高的追求。在各种商品包装容器中，折叠纸盒作为一种销售包装容器，因其结构造型多样、印刷性能良好、质量轻、便于储存运输且又符合绿色包装发展的要求而得到了广泛的应用。随着现代工业的快速发展和人们环境保护意识的不断增强，人们对纸盒的质量也提出了更高的要求。因此，为了适应现代工业的发展、缩短产品包装的周期、提高纸盒的精度和产品在市场上的竞争力、满足自动化包装以及商品出口时对包装纸盒的要求，人们便将高速发展的计算机技术应用到了包装行业的纸盒设计上，各类包装纸盒 CAD 软件应运而生。包装 CAD 设计技术不仅体现在结构设计、造型设计、装潢设计中，还体现在机械设计、运输包装之中，涉及的包装行业领域越来越宽广。

　　BOX-VELLUM 是日本邦友公司研制开发的纸盒 / 纸箱结构设计 CAD/CAM 软件。BOX-VELLUM 吸收借鉴了当前国际包装设计的诸多先进理念和方法，通过与数码打样机、切割打样机等相关设备的整合，为用户提供纸盒 / 纸箱设计加工的系统解决方案。可以完成从盒 / 箱型结构的最初设计、尺寸标注、桥接、拼排到后期驱动切割打样机、开模机等一系列工作，能方便、高质量、高精度地完成包装纸盒的结构设计及制图；可在 PC 和 Macintosh 等平台上的 Windows 等操作环境下使用；可自动生成辅助线、自动对图纸进行标注、完成经典盒型的参数化；具有一个包含 300 多种盒型的盒型库并且用户可以增加自定义的盒型种类和数量，对盒型库进行扩充。此外，由 BOX-VELLUM 设计的盒型结构图纸，可直接导入平面设计软件，使得平面设计人员可直接在盒型结构图纸上进行装潢设计，根据盒型的结构调整图形的相对位置，以达到完美的效果。设计完成后，可通过数码打样系统将盒型外观打印出样品，通过平面设计图纸的定位线定位，在切割打样机上进行样品切割。

BOX-VELLUM 软件的功能非常强大，而且使用习惯和很多软件具有一定的差异，为了更好、更快地掌握此软件，本书结合"项目驱动法"教学法，整合多个案例，针对该软件的工具的使用方法进行讲解，并由浅入深地介绍各种工具的使用方法。

目录

| 第一章 |
BOX-VELLUM 绘图基础

1.1 BOX-VELLUM 软件介绍

BOX-VELLUM 是一款专门针对纸盒/纸箱结构设计制作需求而开发的 CAD/CAM 软件。通过 BOX-VELLUM 软件设计完成的纸盒结构图可直接导入平面设计软件，轻松实现结构设计与装潢设计的衔接。

BOX-VELLUM 盒型结构设计功能包括基本的图形绘制，如直线、矩形、圆、椭圆、曲线等；图形操作包括旋转、镜像、复制、倒角、捕捉、线段分段和裁剪等；另外还可区分并转换裁切线、压痕线等，完全可以满足纸盒的设计需求。并能通过一些工具，简化用户对各种纸盒的设计过程。此外，BOX-VELLUM 软件还可以对纸盒进行尺寸标注、拼排等设计。

为了更进一步简化纸盒的设计过程，BOX-VELLUM 设置有盒型库。此盒型库中有 300 余种盒型，其中包括百余种欧洲和日本市场的常用盒型，设计人员只需从中选择所需类型，输入主要参数，插入到视图中，即可直接完成盒型的结构设计。如需求的异型盒是在基本盒型的基础上通过一些特殊的设计变化而成（如增加斜线、曲线、曲拱、角隅等），设计人员可以先调用 BOX-VELLUM 盒型库中的基本盒型，输入主体结构参数，插入到视图中，再对结构变化部分进行设计改进。

BOX-VELLUM 可以将文件存储或导出为各种文件格式，如 DXF。这些文件格式可以使所设计的盒型结构图纸直接置入平面设计软件中，使得平面设计人员可直接在盒型结构图纸上进行模拟装潢设计，根据盒型的结构调整图形的相对位置，以达到完美的效果。设计完成后，可通过数码打样系统将盒型外观打印出样品，通过平面设计图纸的定位线，定位在切割打样机上进行样品切割。

1.2 BOX-VELLUM 的基本界面

BOX-VELLUM 软件主要由菜单栏、状态栏、绘图区、数值输入栏及工具箱组成，如图 1-1 所示。

图 1-1

（1）菜单栏

菜单栏包含当前模块的所有可用指令。指令的可用性取决于选购项目及当前激活的工具栏。

（2）状态栏

状态栏即为信息栏，是显示输入区及消息的地方。可将数据输入状态栏中的输入区内。数据输入区只在需要输入数据的一些工具中显示。

（3）绘图区

绘图区是进行绘图工作的地方。在此可进行画线、尺寸调整、注释等操作。

（4）数值输入栏

数值输入栏即为输入区。可将数据根据提示填写进输入区内。

（5）工具箱

工具箱包含了最基本、最常用的工具，如线段工具、圆弧工具、圆工具。

1.3　基本绘图工具

BOX-VELLUM 软件的绘图基本工具又分为线段工具、圆弧工具、圆形工具、椭圆工具、多边形工具及曲线工具等。

1.3.1　线段工具

线段工具用于绘制单线、连续线段、现有线段的平行线、墙线、圆和圆弧的切线等。画出线段后，其坐标、长度以及角度等参数显示在数值输入栏中。线段工具主要包括线段工具、连续线段工具、平行线工具和墙线工具。

① 线段工具：此工具用于在两点间绘制线段。可以直接用鼠标单击已确定的两个点进行绘制，或使用数值输入栏，设定各种参数，比如线段起点的 XYZ 坐标值、到终点的 XYZ 增量、长度 L、角度 A 等，按 Enter 键，完成绘制。

② 连续线段工具：此工具的作用是把原有线段的终点作为下一节线段的起点，绘制延长线段。单击或拖动光标绘制连续线段，或使用数值输入栏，设定各种参数，比如线段起点的 XYZ 坐标值、到终点的 XYZ 增量、长度 L、角度 A 等，按 Enter 键，完成绘制。当绘制出的线段不是所要求的线段时，可按 Esc 键，删除全部的线段，或按 Delete 键，删除绘制中的整条连续线段。

③ 平行线工具：此工具主要是绘制现有线段的平行线。单击线段后，在数值输入栏内选项 d 中输入距离值，按动 Enter 键。移动方向根据单击线段起始点 / 终点坐标的不同而不同。

④ 墙线工具：此工具用来绘制如图所示的建筑物和容器等的墙壁。用法与线段工具类似，只是要在 T(厚度) 数值输入栏中输入数值，设定壁厚。

1.3.2　圆弧工具

圆弧工具主要用来绘制圆弧，分为圆弧 / 中心、半径工具，圆弧 /3 点工具和圆弧上的切点工具。

①圆弧／中心、半径工具 ：此工具通过确定起点、中心和终点 3 个参照点绘制圆弧。首先确定圆弧中心点位置，将光标指向圆弧的起点位置，按住鼠标键拖动光标，随着光标的移动作出圆弧。或在数值输入栏中，设定圆弧中心的 X、Y 坐标，半径 R，起始点，终点角度等参数值，如图 1-2 所示。

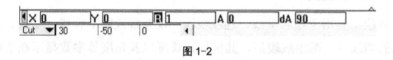

图 1-2

②圆弧／3 点工具 ：通过设定 3 个参照点绘制出圆弧。可以通过鼠标选取三个点，或在数值输入栏中输入 3 个点的 X、Y、Z 坐标值。

③圆弧上的切点工具 ：此工具把第 1 个设定点作为起点，第 2 个设定点作为方向矢量，第 3 个设定点作为终点绘制圆弧。或在数值输入栏，输入圆弧的起始点／终点、切线的角度等参数。

1.3.3　圆形工具

可以从工具箱中，启用圆形工具。此工具主要包括圆／圆心、半径工具，圆／直径工具，圆／3 点工具和切线圆工具。

①圆／圆心、半径工具 ：通过设定圆心和半径绘制圆形。第 1 个单击点是圆心，第 2 个单击点是圆上的一点，或在数值输入栏中，显示出圆心的 X、Y 坐标值和圆直径 D。

②圆／直径工具 ：通过设定两个点绘制圆形，或在数值输入栏中，设定表示直径两个端点的 X、Y 坐标值。

③圆／3 点工具 ：通过设定 3 个点绘制圆形，或在数值输入栏中，输入 3 个制图点的 X、Y 坐标值。

④切线圆工具 ：此工具用来绘制连接 2 个选定图形的圆，或可通过数值输入栏设定圆直径 D。

1.3.4　椭圆工具

单击工具箱相应的图标，即可启用此工具。此工具包括椭圆／圆心、对角工具，椭圆／对角线工具，椭圆／3 点工具和椭圆／长距、短距工具。

① 椭圆 / 圆心、对角工具 ⬭：通过设定椭圆的圆心和此椭圆内接于长方形的一个顶点绘制椭圆，或在数值输入栏中，输入椭圆圆心坐标，椭圆长轴半径、短轴半径和角度值等参数，如图 1-3 所示。

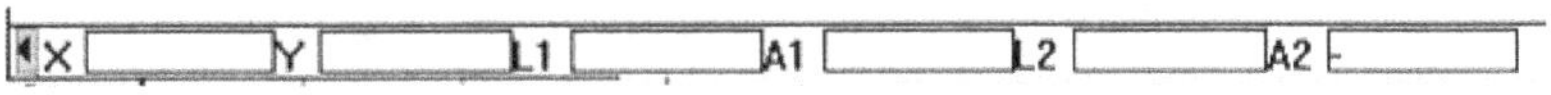

图 1-3

② 椭圆 / 对角线工具 ⬭：通过设定椭圆内接于长方形的两个对角点绘制椭圆，或在数值输入栏中，设定左下点的 X、Y 坐标值，椭圆长轴和短轴和角度值 。

③ 椭圆 /3 点工具 ⬭：通过设定椭圆圆心、边线中心和一个角这样 3 个点绘制内接由 3 个点定义的平行四边形的椭圆，或在数值输入栏中，输入椭圆圆心的 X、Y 坐标，平行四边形的 1/2 边长长度、角度值等。

④ 椭圆 / 长距、短距工具 ⬭：通过设定绘制内接于由 3 个角顶点定义而成的平行四边形的椭圆，或在数值输入栏中，输入平行四边形一个角的 X、Y 坐标，边长和角度。

1.3.5 多边形工具

单击工具箱相应的图标符号，即可启用多边形工具。此工具用来绘制内接长方形、圆的多边形，外接圆的多边形，主要包括长方形工具、圆的内接多边形工具、圆的外接多边形工具。

① 长方形工具 ▢：通过设定长方形的两个对角点绘制长方形，或在数值输入栏中，输入设定初始点 X、Y 的坐标，以及长方形的长 H 和宽 W。

② 圆的内接多边形工具 ⬡：用来绘制内接圆正多边形。缺省多边形是六边形，需要时可在数值输入栏内输入边数绘制相应的多边形。首先确定的点为多边形的中心点，第二点为圆上的一点，或在数值输入栏中，输入多边形的中心点的 X、Y、Z 坐标，圆的直径 D 和多边形的边数。

③ 圆的外接多边形工具 ⬡：用来绘制外接圆正多边形。缺省多边形是六边形，可通过数值输入栏输入多边形边数，绘制所需多边形。首先确定的点为多边形的中心点，第二点为圆上的一点，或在数值输入栏中，输入多边形的中心点的 X、Y、Z 坐标，圆的直径 D 和多边形的边数。

1.3.6　曲线工具

单击工具箱相应的图标，即可启用此工具。此工具用来绘制 NURB (Non-UniformRationalB) 曲线，主要包括通过某一点的样条曲线工具、矢量样条曲线工具、追加样条曲线的控制点工具和固定样条曲线工具。

①通过某一点的样条曲线工具⬚：通过单击相应的点绘制曲线，作图结束后双击鼠标，或在数值输入栏内，输入最后一次设定的制图点的 X、Y、Z 坐标值。

②矢量样条曲线工具⬚：此工具用单击点定义的矢量计算出控制点，通过此控制点将首矢量和末矢量连接起来，绘制出曲线，作图结束时，双击鼠标，或在数值输入栏中，输入最后设定点的 X、Y、Z 坐标值。

③追加样条曲线的控制点工具⬚：此工具用来在已作出的曲线上增加控制点。可选择工具，在曲线上点击光标，增加控制点。

④固定样条曲线工具⬚：此工具用来锁定控制点，修改曲线。可不影响其他部分，只修改控制点之间的曲线线段。

1.4　辅助绘图功能

辅助绘图功能的作用是根据不同情况自动显示作图的参照点、辅助线等支持作图的工具。利用此功能，可以在没有坐标帮助的情况下准确地绘制图形。

1.4.1　辅助线

一、辅助线的绘制

方法 1

此方法可方便地绘制出水平或垂直辅助线。首先按住 Ctrl 键和 Shift 键，水平方向拖动指针，绘制水平辅助线，垂直方向拖动指针，绘制垂直辅助线。指针被拖动时，变成⬚指令形状。

方法 2

单击菜单栏排版 > 辅助线，打开辅助线对话框。在辅助线对话框中，角度为辅助线倾斜的角度，等距线为辅助线偏离所选取的点或线的距离。对于 X* 和 Y* 来说，可以直接输入，也可以用鼠标单击相应的点，如图1-4～图1-5 所示。

图 1-4　　　　　　　　　　　　　　　　　　　　图 1-5

二、辅助线的删除

方法 1

单击选择工具，选中需要删除的辅助线，按 Delete 键，即可删除辅助线。

方法 2

单击菜单栏排版 > 删除辅助线，即可删除所有的辅助线，如图1-6所示。

图 1-6

1.4.2　捕捉功能

此功能方便绘图过程中精确地捕捉到点。

1. 绘图帮助

单击菜单栏排版 > 源文件 > 绘图帮助，点选绘图帮助，在绘图过程中，可显示各种附着信息，如图 1-7 所示。

图 1-7

2. 自动捕捉

单击菜单栏排版 > 源文件 > 自动捕捉，打开自动捕捉对话框，如图 1-8 ～图 1-9 所示。其中对话框不同选项的含义如下。辅助线的角度：设定利用辅助绘图功能显示出的辅助线的角度。当希望改变坐标轴角度时，更改此角度值。例如，绘制等角图时，可将角度设定为 30°和 150°。缺省设定是 0°（水平）和 90°（垂直）。设定多个数值时，用分号将它们隔开。辅助线角度：设定在用上述 [辅助线角度] 设定的水平 / 垂直辅助线中间显示出的辅助线的角度。缺省值是 45°和 -45°。设定多个数值时，用分号将它们隔开。

% 点：可用辅助绘图功能显示出线段上不同点的比值。例如，要求标出线段上的各个 4 等分的位置时，可将此数值设定为 25。

图 1-8

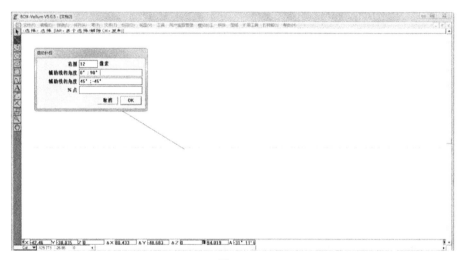

图 1-9

3. 辅助绘图功能设置

单击菜单栏工具 > 新建命令，打开新建命令对话框，使菜单选项中存在辅助绘图功能设置，然后进行保存。单击菜单栏工具 > 辅助绘图功能设置，打开辅助绘图功能设置对话框，单击绘图过程中需要捕捉的点，如图 1-10 ～图 1-13 所示。

图 1-10

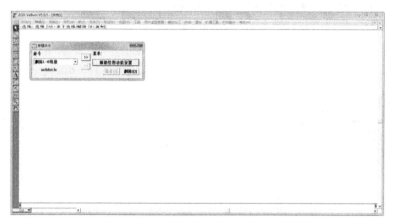

图 1-11

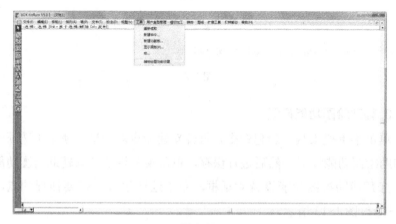

图 1-12

图 1-13

1.5 编辑工具

编辑工具用于修改图形，更改选出图形的位置、方向、尺寸等。

1.5.1 圆角工具和倒角工具

圆角工具和倒角工具的作用是按确定的半径或长度将由非平行线段、曲线等构成的角修改成圆角或倒角。绘制圆角、倒角后，将自动整理直线部分。不需要整理时，在制作圆角、倒角时应按住 Ctrl 键，单击鼠标。

① 圆弧连接 /2 点间工具

此工具的作用为单击的 2 个图形绘制圆角。缺省半径为 5mm。按住 Shift 键，单击图形上某个角的内侧，也可以使此角变成圆角。生成圆角后，原交点角会自动消除。若要保留原交点角，按住 Ctrl 键，按动鼠标键即可。如需改变圆角半径，可在数值输入栏选项 R 中输入半径。

② 圆弧连接 /3 点工具

此工具可绘制连接 3 个图形的倒角。倒角生成后交点角部分自动被删除。如果不希望删除，按住 Ctrl 键单击图形即可。

③ 斜线连接 /2 点间工具

此工具的作用是在 2 条线间制作倒角。从交点到倒角位置的缺省距离为 5mm。在需要形成倒角的角的内侧，按住 Shift 键，进行单击，可制成倒角。制作倒角时，交点角部分自动被删除。如果不希望删除，按住 Ctrl 键，单击图形即可。可在数值输入栏内选项 L 处输入从交点到倒角位置的距离。

④ 斜线连接 / 角度、长度工具

此工具的作用是按照指定的角度和距离制作倒角。角度 A 是指第 2 次选出的线段与倒角线间形成的角度。从交点到倒角位置的缺省距离为 5mm，角度为 45°。

1.5.2 图形移位变形工具

此工具主要是用于移动、旋转、放大和缩小图形，以及生成镜像图形等。在选用此工具前，必须先选出需要编辑的图形。复制图形时，按住 Ctrl 键进行操作即可。

① 移动工具

此工具主要是用于图形的移动以及图形的移动复制。移动拷贝时，按住 Ctrl 键，用鼠标单击图形移入位置。也可通过在数值输入栏，分别输入 X、Y、Z 值，确定移动距离，移动图形。

② 旋转工具

此工具用来转动图形，被选定图形将以指定点为中心进行旋转。需要旋转同时复制图形时，按住 Ctrl 键，或在数值输入栏中输入转动角度值 A 实现图形旋转。

③ 放大 / 缩小工具

放大 / 缩小工具用于按比例放大或缩小图形。需要图形的放大 / 缩小同时进行复制时，按住 Ctrl 键，或在数值输入栏系数选项中，输入缩放比例值。

④ 镜像工具

此工具用来指定一根对称轴，在对称轴的另一侧生成原图形的镜像图形。需要镜像同时复制图形时，按住 Ctrl 键。

1.5.3　使用菜单复制图形

使用菜单，可将图形复制或移动，单击菜单栏编辑，即可启用此类功能，如图 1-14 所示。

图 1-14

① 剪切

剪切是将图形删除，复制到剪贴板上，或者按 Ctrl+X，可将剪切下来的图形复制到绘图区。

② 复制

复制工具不删除原有图形，只是将它复制到绘图区中，或按 Ctrl+C 也可进行此操作。

③ 粘贴

粘贴工具将剪切或复制的图形粘贴到绘图区，或按 Ctrl+V 也可进行此操作。

④ 线性复制

线性复制工具是将图形复制到矩形中。单击菜单栏编辑 > 线性复制，打开线性复制对话框，如图 1-15 ～图 1-16 所示。

图 1-15

图 1-16

在对话框中，不同的选项的意义如下。

长度 X*/ 长度 Y* ：长度 X* 设定水平方向距离，长度 Y* 设定垂直方向距离。长度 X*/ 长度 Y* 的数值可通过键盘输入，也可在画面上拖动指针确定。

整体长度：选择此按钮后的长度 X*/ 长度 Y* 值是从当前选定图形到最后复制图形间的整个距离长度。

间隔：选择此按钮后的长度 X*/ 长度 Y* 值是从当前选定图形到第 1 个复制图形间的整个距离长度。

列数：需生成线性复制件的列数。

全部等距线值：选择此按钮后的 [等距线] 值是从当前选定图形所在列到最后复制图形列间的距离。

间隔的等距线值：选择此按钮后的 [等距线] 值是从当前选定图形所在列到最初复制图形列间的距离。

等距线：除可通过键盘输入外，还可采用在画面上拖动指针的方法来确定。

⑤ 极性复制

极性复制工具的作用是将选出的图形复制成圆形。在进行图形复制时，可指定转动角度，使复制图形的角度发生变化，也可在不改变图形方向的情况下旋转复制图形。单击菜单栏编辑 > 极性复制，打开极性复制对话框，如图 1-17 ～图 1-18 所示。

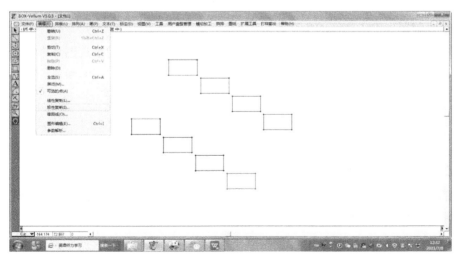

图 1-17

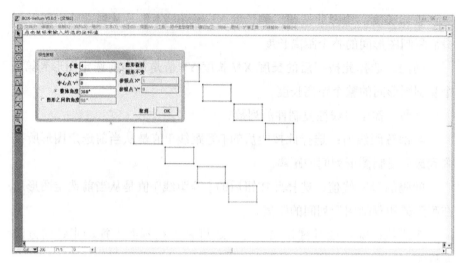

图 1-18

在极性复制对话框中，不同选项的含义如下：

个数：图形复制份数。

中心点 X*/ 中心点 Y*：装入复制图形的圆形的圆心坐标。除用键盘输入数值外，还可用鼠标在画面上拖动指针设定坐标值。

整体角度：选择此按钮设定的角度值是从当前被选图形中心到最后一个复制图形中心之间的角度值。

图形之间的角度：选择此按钮设定的角度值是从当前被选图形中心到第 1 个复制图形中心之间的角度值。

图形旋转：按照设定的旋转角度转动被选图形。

图形不变：图形本身不转动，整体保持直立。

参照点 X*/ 参照点 Y*：此功能仅在选择了保持图形不变功能时才有效。确定参照点后，参照点便被复制到由中心点 X*/ 中心点 Y* 值所确定的中心点周围形成的圆上。除可用键盘输入数值外，还可用鼠标在绘图区拖动指针确定坐标值。

⑥ 等距线

等距线主要是用来绘制线段、圆弧、圆、椭圆和曲线等的工具。单击菜单栏编辑 > 等距线，打开等距线对话框，如图 1-19 ～图 1-20 所示。在等距线对话框中，不同选项的含义为：

等距线值：等距线值是指从原图形到生成图形间的距离。除可通过键盘输入数值外，也可采用拖动指针的方法确定此数值。

参照点：用来确定等距线的方向。X、Y、Z 的方向值除可通过键盘输入外，还可采用在画面上拖动指针的方法输入。

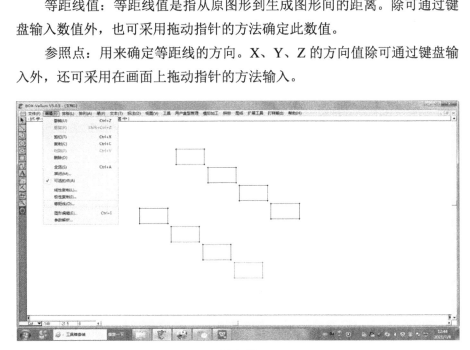

图 1-19

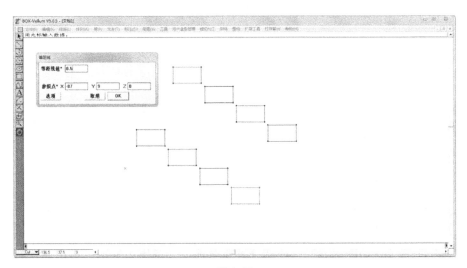

图 1-20

⑦ 删除

删除图形可采用以下 2 种方法。

a. 选出图形后，按动 Delete 或 Backspace 键。

b. 选出图形后，单击菜单栏编辑 > 删除，即可启用此功能，如图 1-21 所示。

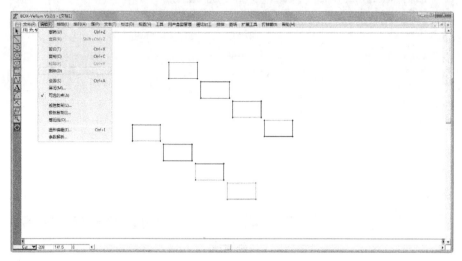

图 1-21

1.6 整饰工具

整饰工具的作用是以选出的边界线为界，切断线段或圆弧。

① 裁剪工具<u>X</u>：在选择此工具前，先选出边界线，单击需要裁剪掉的部分。图形将在边界线位置被切断。

② 裁剪顶角工具<u>干</u>：此工具的作用是将 2 条线段相交。

③ 裁剪 / 保留工具<u>X</u>：在选择此工具前，先选出边界线，单击需要保留的部分。图形将在边界线位置被切断。

④ 裁剪 / 切断工具<u>X</u>：在选择此工具前，先选出边界线，单击需要切断的部分。此图形将在边界线位置被切断。

1.7 视图工具

单击工具箱相应的图标，即可启用视图工具。

① 抓手工具🖑：在工作区中单击并按住鼠标左键不放，可对工作区中的内容重新定位。

② 放大工具🔍：可使对象在每次单击鼠标后都放大显示。

③ 缩小工具🔍：可使对象在每次单击鼠标后都缩小显示。

④ 选择工具▶：选择图形。

1.8 线条类型和属性

① 线条样式

a.单击菜单栏笔＞线型，单击需要的线型。或者单击菜单栏笔＞线型＞线条样式设定，打开线条样式设定对话框，从中选择线条的样式，如图 1-22 ～图 1-23 所示。

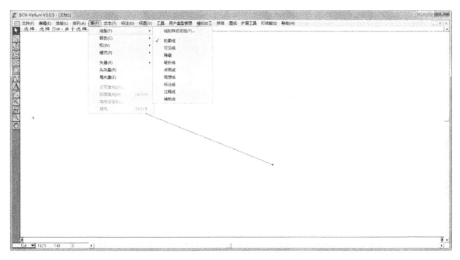

图 1-22

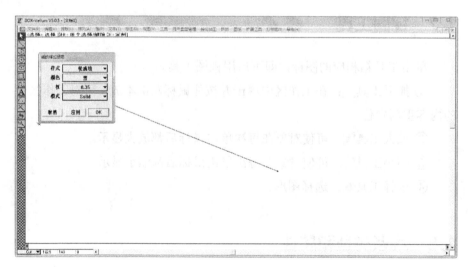

图 1-23

b. 如果线条样式不合适，可以进行一定的调整，单击菜单栏笔 > 模式 > 填充模式的设定，打开填充模式的设定对话框，通过对把柄的拉取或数值的输入，对线型的间隔距离进行一定的调整，如图 1-24 ～图 1-25 所示。

图 1-24

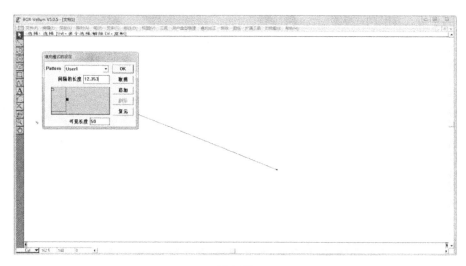

图 1-25

② 线条的颜色

单击菜单栏笔 > 颜色，选择合适的颜色，或者从面板中选取一定的颜色，如图 1-26 所示。

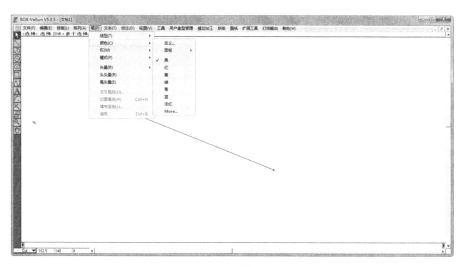

图 1-26

③ 线条的宽度

单击菜单栏笔 > 权，选择合适的宽度，或者从宽度编辑中，编辑不同的宽度，如图 1-27 所示。

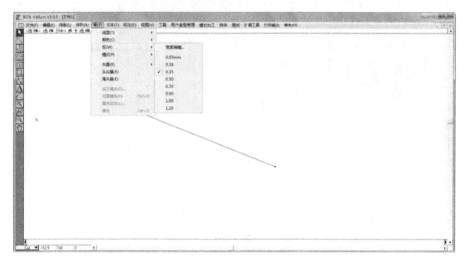

图 1-27

④ 图形编辑

选中图形，单击菜单栏编辑 > 图形编辑，打开图形编辑对话框，从中可以对图形的线型、颜色等进行设置，如图 1-28 ～图 1-29 所示。

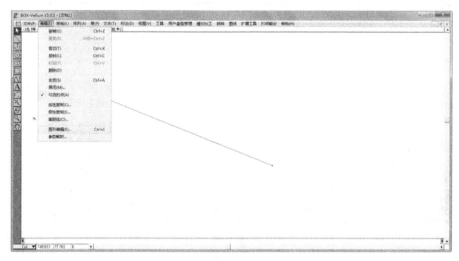

图 1-28

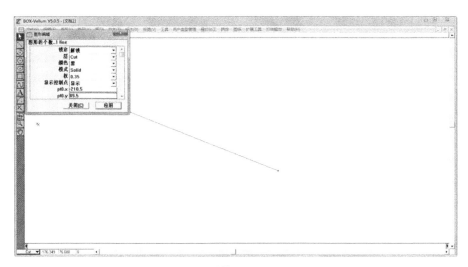

图 1-29

1.9　几何宏

单击菜单栏扩展工具 > 显示耳页，打开耳页工具箱，可以从中选取不同的结构进行应用，如图 1-30 ～图 1-31 所示。

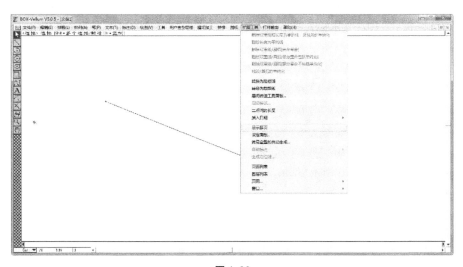

图 1-30

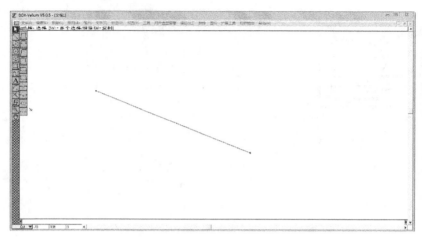

图 1-31

1.10 标注

① 手动标注

单击菜单栏标注 > 显示面板，打开标注面板，根据需要，选择不同的工具对图形进行标注，如图 1-32 ~ 图 1-33 所示。选出尺寸标注工具后，在数值输入栏的文本输入栏中的 "#" 显示标注尺寸后，将自动测量此部分，并显示实际尺寸。如在文本输入栏中输入相应的数值，尺寸值将以文本方式显示出来。

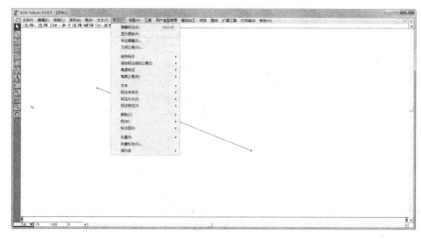

图 1-32

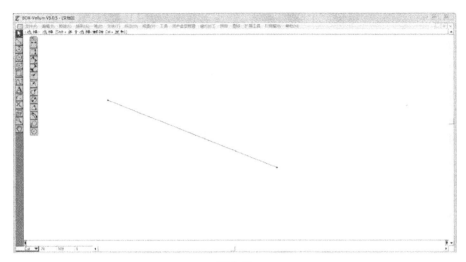

图 1-33

② 自动标注

选取图形，单击菜单栏扩展工具 > 自动标注，根据需要选择不同的形式，将对图形进行自动的标注，如图 1-34 所示。

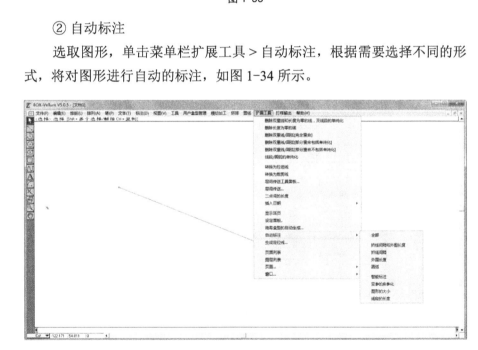

图 1-34

③ 标注编辑

单击菜单栏标注 > 标注编辑，打开标注标准对话框。在此对话框中，可以对标注进行标记，如字体、字号、箭头形式等，如图1-35～图1-36所示。

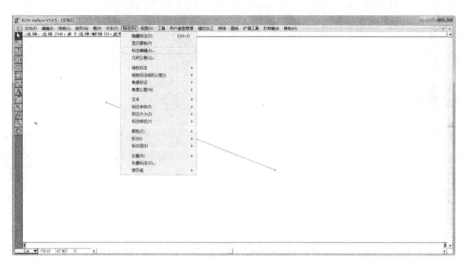

图 1-35

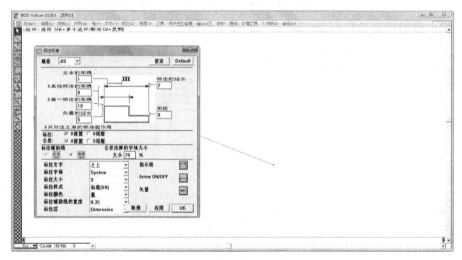

图 1-36

第二章
异型盒结构图的绘制

2.1 训练技能

- 直线工具
- 线型的修改
- 斜线的画法
- 捕捉工具的使用及设定
- 平行线工具
- 选择工具

2.2 训练内容

按图 2-1 所示的结构尺寸，画出下图的结构图。

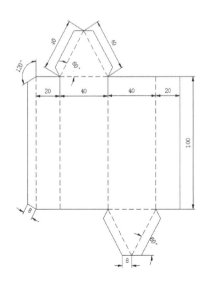

图 2-1

2.3 制作步骤

①打开软件,用鼠标单击菜单栏排版>源文件>单位,打开单位对话框,选择作图时的单位,然后用鼠标单击"OK"按钮,如图 2-2～图 2-3 所示。

图 2-2   图 2-3

② 在左侧的工具栏中,用鼠标选择直线工具 ,如图 2-4 所示。

图 2-4

③用鼠标进行单击,选择直线的起点,然后按"Tab"键,在数字栏

上的变量之间相互切换。变量"L"，在其中输入直线的长度为100mm，
变量"A"，输入直线的角度为−90°，如图2-5所示。

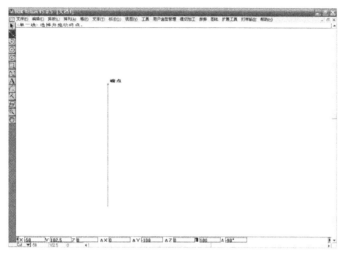

图2-5

④选择步骤3所作的直线，单击平行线工具 ，随意拉出直线，在数
字输入栏中的变量"d"中分别输入20mm、40mm、40mm、20mm，这样
就可以画出与第一条线相平行的、具有一定数值的直线，依次画出具有不
同距离的直线，如图2-6～图2-7所示。

图2-6

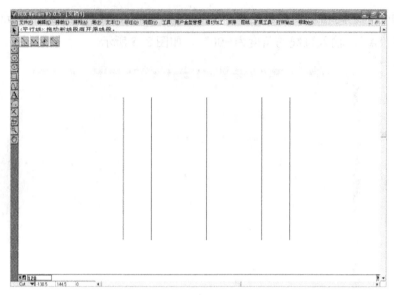

图 2-7

⑤ 单击菜单栏工具＞新建命令，打开新建命令对话框，单击"⧏⧏"或者"⧐⧐"按钮，在菜单中出现不同的命令时，按"保存"按钮，然后关闭对话框，如图 2-8～图 2-9 所示。

图 2-8

图 2-9

⑥ 单击菜单栏工具＞辅助绘图功能设置，打开"辅助绘图功能设置"对话框，然后选取需要捕捉的点，如图 2-10 ～图 2-11 所示。

图 2-10　　　　　　　　　　　　　　　图 2-11

⑦ 单击菜单栏排版＞源文件＞绘图帮助，单击直线工具，然后在鼠标接近所画的直线时，就会显示各个不同的点的名称，当显示"端点"时，单击鼠标右键，使各条直线连接起来，如图 2-12 ～图 2-13 所示。

图 2-12

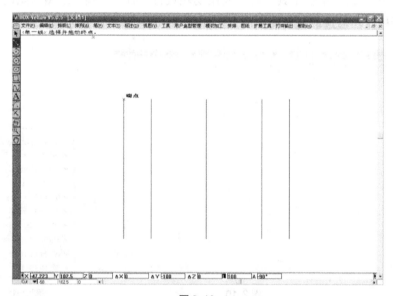

图 2-13

⑧ 单击直线工具 ，选择板 1 右上角的端点，按 Tab 键切换不同的变量，在状态栏的直线的长度 L 及角度变量 A 中分别输入 40mm 及 60°，画出一条与水平方向成 60° 的直线，如图 2-14 所示。

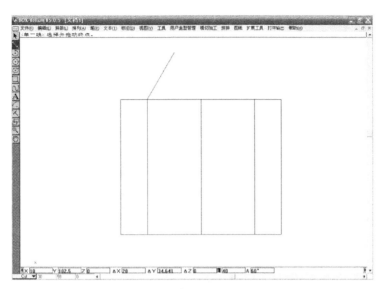

图 2-14

⑨ 单击直线工具 ，将步骤 ⑧ 中所作的直线另一个端点进行连接，如图 2-15 所示。

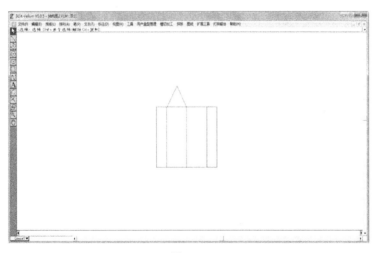

图 2-15

⑩ 单击直线工具 ，单击直线的交点，按"Tab"键，进行变量的切换，在状态栏的变量 L 及 A 中分别输入 8mm 及 120°，画一条与水平方向成 120°的直线，如图 2-16 所示。

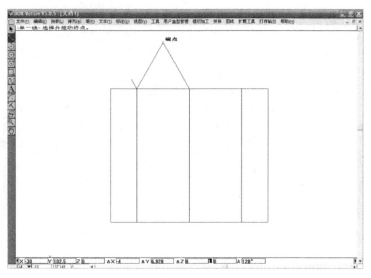

图 2-16

⑪ 单击直线工具 ，在上面显示"端点"或"交点"时，单击鼠标右键，按"Tab"键，使数值输入栏的变量进行切换，在长度变量 L 及角度变量 A 中输入 8mm 及 180°，画出一条与水平方向成 180°的直线，如图 2-17 所示。

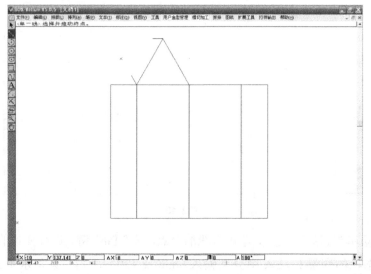

图 2-17

⑫ 单击直线工具 ，画出一条连接两条直线的直线。用同样的方法，画出盖板上的另外一个黏合襟片、底板及底板上的黏合襟片，如图2-18所示。

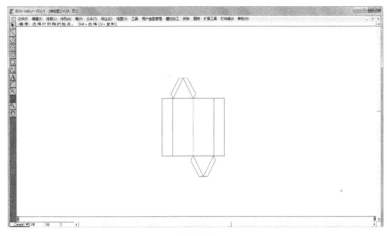

图 2-18

⑬ 单击直线工具 ，单击板1左上角的端点，在长度变量 L 中输入 8mm，在角度变量 A 中输入 -150°，画出一条直线，如图 2-19 ～图 2-20 所示。

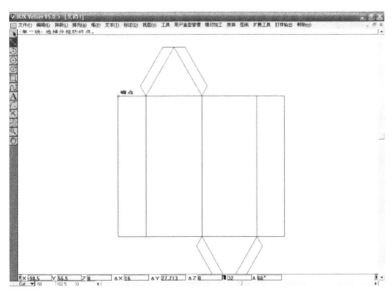

图 2-19

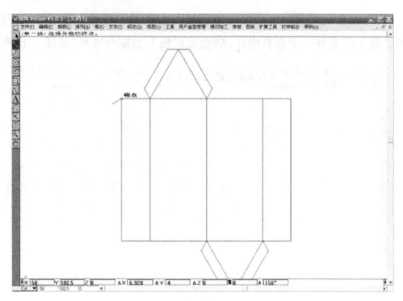

图 2-20

⑭ 单击直线工具，按 Tab 键，使数值输入栏的变量进行切换，单击板 1 左下角的端点，在长度变量 L 中输入 8mm，在角度变量 A 中输入 150°，画出一直线，如图 2-21 ～图 2-22 所示。

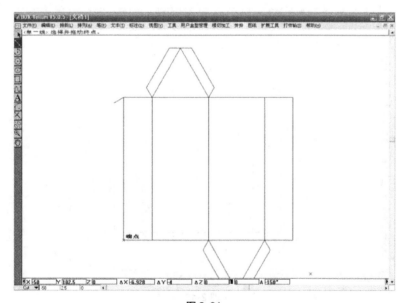

图 2-21

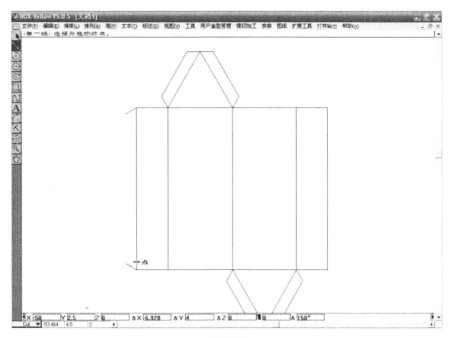

图 2-22

⑮ 单击直线工具 ，画出一条连接两条直线的直线，如图 2-23 所示。

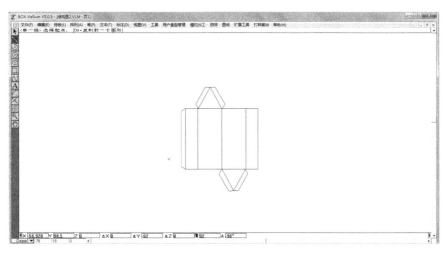

图 2-23

⑯ 单击选择工具 ，按 shift 键，选择结构图中所有的虚线处的直线，如图 2-24 所示。

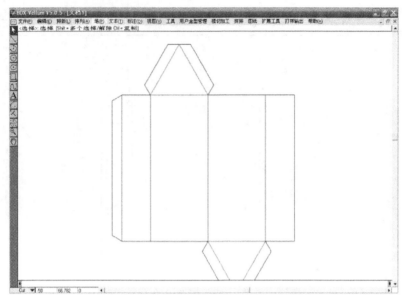

图 2-24

⑰ 单击菜单栏笔 > 模式 >Dashed，将所选择的直线转换成单虚线，如图 2-25 所示。

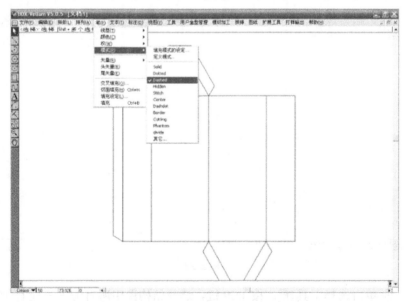

图 2-25

⑱ 如果所选择直线没有变为单虚线，单击菜单栏笔 > 模式 > 填充模式的设定，打开填充模式的设定对话框，在"Pattern"中选择直线的名称，拉动把柄，改变可见长度或者间隔长度的大小，或者直接在间隔长度及可见长度上输入所需的数值，如图 2-26 ～图 2-27 所示。

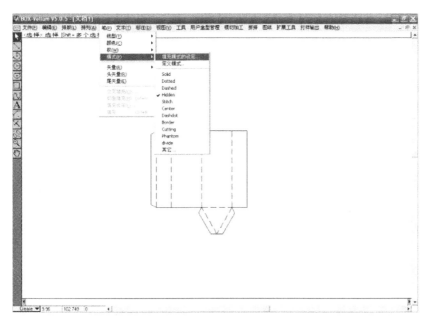

图 2-26

图 2-27

|第三章|
插入式折叠纸盒结构图的绘制

3.1 训练技能

- 直线工具
- 圆弧工具
- 线型的修改
- 镜像工具
- 旋转工具
- 裁切工具
- 倒角工具
- 放大镜及缩小工具
- 成组功能的使用

3.2 训练内容

按图 3-1 所示的纸盒的图形，绘制纸盒的结构图。

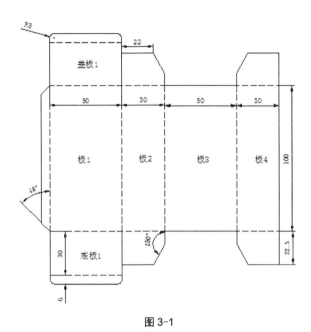

图 3-1

3.3   制作步骤

①打开软件，用鼠标单击菜单栏排版 > 源文件 > 单位，打开单位对话框，选择作图时的单位，然后单击 OK 按钮，如图 3-2 ～图 3-3 所示。

图 3-2

图 3-3

② 单击直线工具，首先在绘图区确定直线的起点，然后按"Tab"键，切换数值输入栏的变量，在长度变量 L 中输入 100mm、角度变量 A 中输入 -90°，如图 3-4 所示。

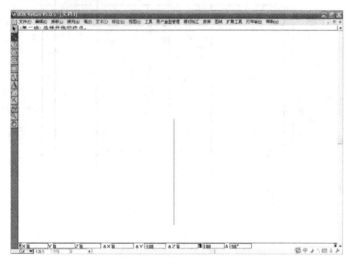

图 3-4

③ 单击平行线工具，绘制出与步骤②所画直线平行的 4 条直线，在数值输入栏中，距离变量 d 分别设置为 50mm、80mm、110mm、140mm，如图 3-5 所示。

图 3-5

④ 单击连线工具 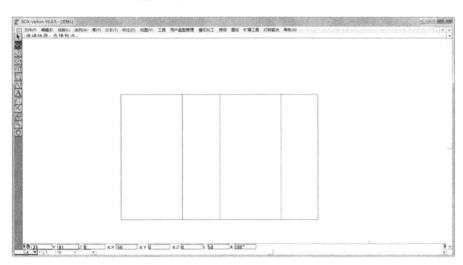，连接直线的端点，如图 3-6 所示。

图 3-6

⑤ 单击选取工具 ，选取需要的直线，如图 3-7 所示。

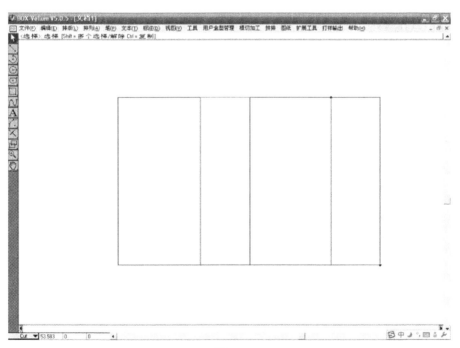

图 3-7

⑥ 单击旋转工具 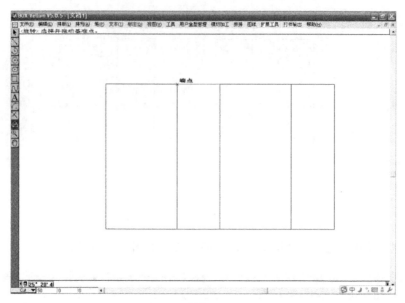，单击直线的一个端点，将其作为旋转的基点，然后按"Ctrl"键，按住鼠标右键把直线拖到需要的位置，如图 3-8 ～图 3-9 所示。

图 3-8

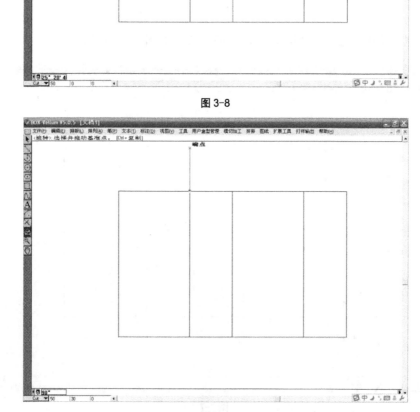

图 3-9

⑦ 单击选取工具 🔖，选择步骤 ⑥ 所作的直线，同时按 "Ctrl+C"，然后按 "Ctrl+V"，最后将直线捕捉到一定的位置，如图 3-10 ～图 3-11 所示。

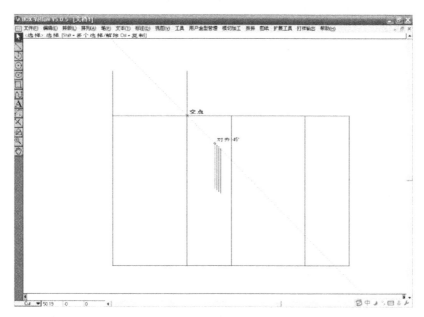

图 3-10

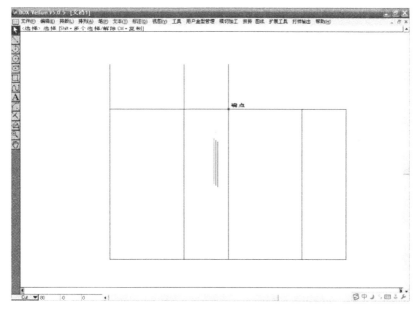

图 3-11

⑧ 用步骤 7 的方法，作出盖板 1 最上端的直线，如图 3-12 所示。

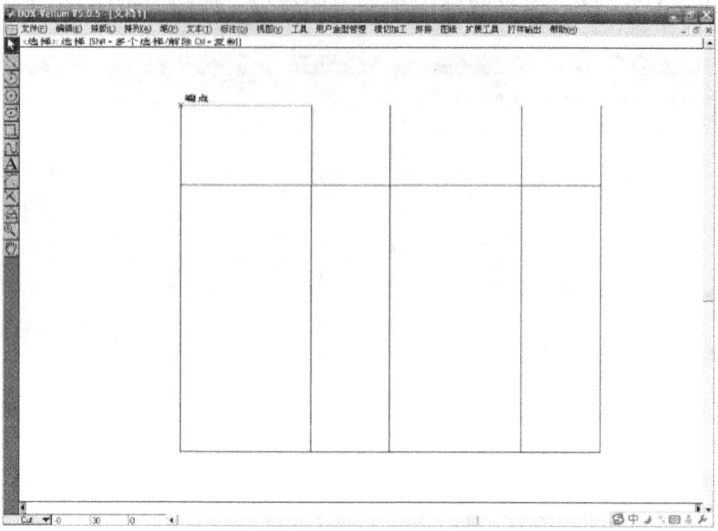

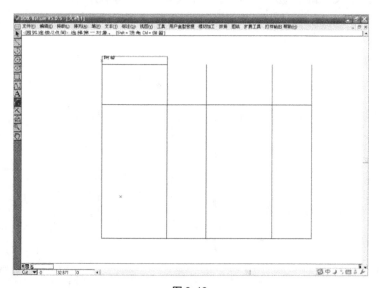

图 3-12

⑨ 单击圆角工具，在数值输入栏中设置变量 R 为 5mm，然后将鼠标靠近要形成圆角的两个边，在直线上出现"附着"字样时，单击鼠标的右键，即可形成具有一定半径的圆角，如图 3-13 ～图 3-14 所示。

图 3-13

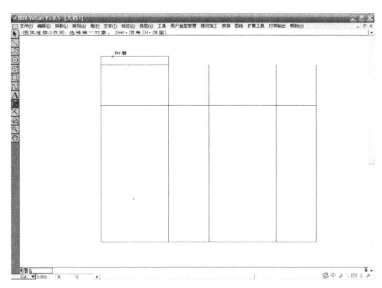

图 3-14

⑩ 单击直线工具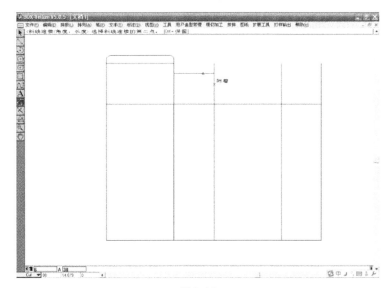画出一条直线。单击倒角工具，按"Tab"键，进行变量的切换，在数值输入栏中输入斜线的长度变量 L 为 8mm、角度变量 A 为 30°。当鼠标靠近要形成倒角的两个边，且直线上出现"附着"字样时，单击鼠标的右键，即可形成倒角，如图 3-15～图 3-16 所示。

图 3-15

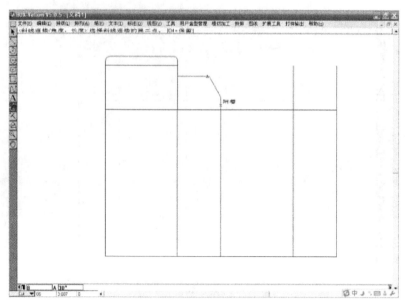

图 3-16

⑪ 单击选取工具 ，按 Shift 键，同时选取防尘襟片中两条直线，如图 3-17 所示。

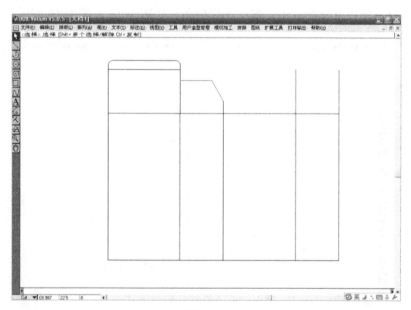

图 3-17

⑫ 单击镜像工具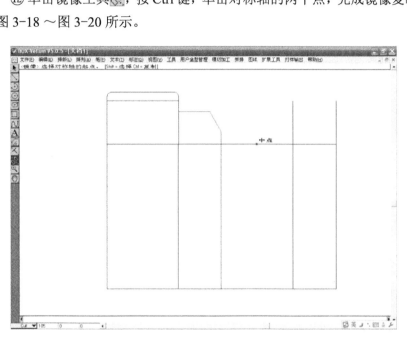，按 Ctrl 键，单击对称轴的两个点，完成镜像复制，如图 3-18 ～图 3-20 所示。

图 3-18

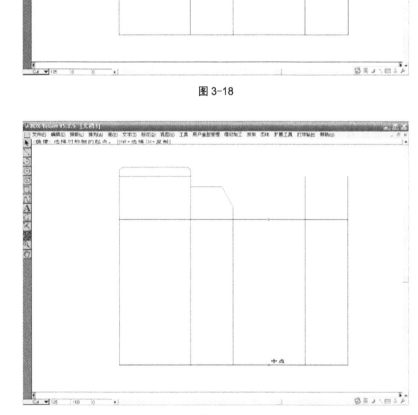

图 3-19

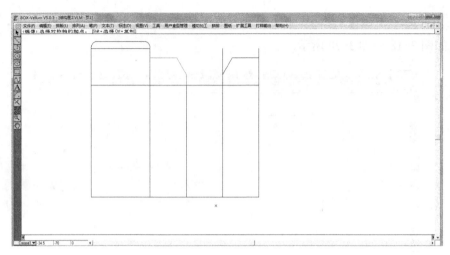

图 3-20

⑬ 单击直线工具 ，用捕捉工具，捕捉"端点"或"交点"，过"端点"或"交点"作一条直线。单击裁切工具 ，单击需要裁剪掉的部分，按 Backspace 或 Delete 键删除不需要的直线，如图 3-21 ～图 3-22 所示。

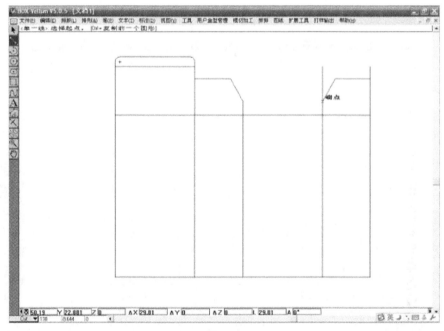

图 3-21

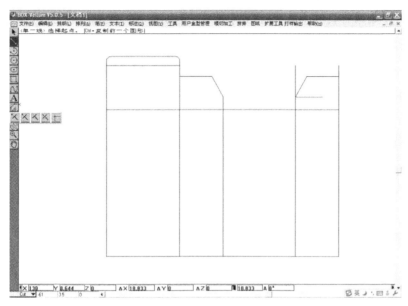

图 3-22

　⑭ 单击选取工具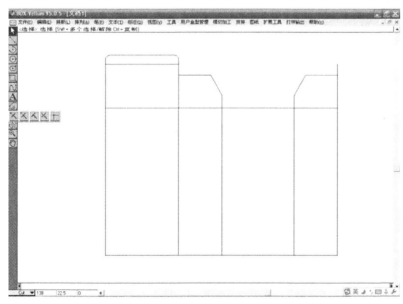，选择防尘襟片最上端的直线作为边界线，单击裁
切 / 保留工具，单击需要保留的部分，如图 3-23 所示。

图 3-23

⑮ 如果对直线不能进行裁切时，可用鼠标右键选取左边工具栏的放大工具 🔍，将图形放大，会发现图形是非封闭型的，如图 3-24～图 3-25 所示。

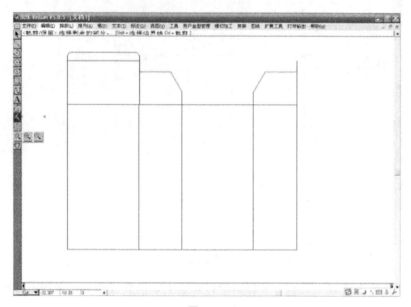

图 3-24

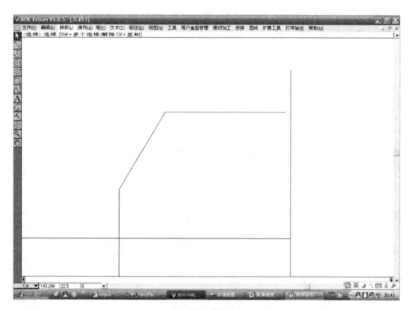

图 3-25

⑯ 打开菜单栏排版 > 显示点。用选取工具 ▲，选择直线中的其中一个点，用鼠标右键按住此点，将直线拖长直至与另外一条直线相交，如图 3-26 ～图 3-28 所示。

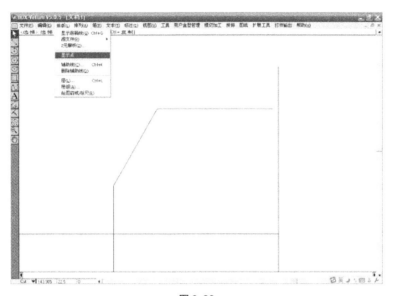

图 3-26

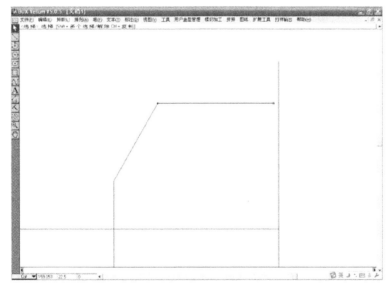

图 3-27

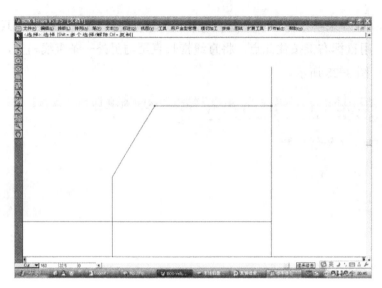

图 3-28

⑰ 打开菜单栏排版 > 不显示点，使直线的点处于不显示的状态。用
选取工具 <kbd>▶</kbd>，选取防尘襟片最上端的直线，点击裁切 / 保留工具 <kbd>✂</kbd>，单击
需要保留的部分，如图 3-29 ～图 3-30 所示。

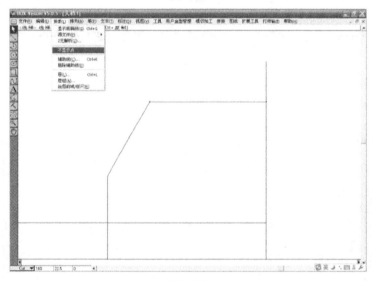

图 3-29

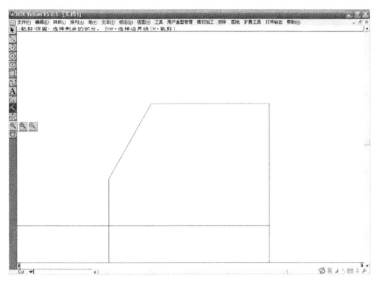

图 3-30

⑱ 单击缩小工具，在数值输入栏中输入缩小的比例值，如图 3-31
所示。

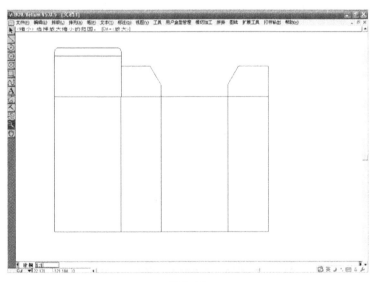

图 3-31

⑲ 单击选取工具，选取盖板、插入片及防尘襟片的所有直线，打开
菜单栏排列 > 成组，将这些直线组成一个图形，如图 3-32 所示。

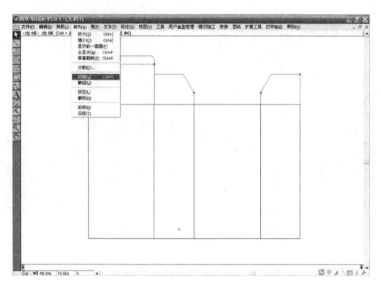

图 3-32

㉒ 单击选取工具 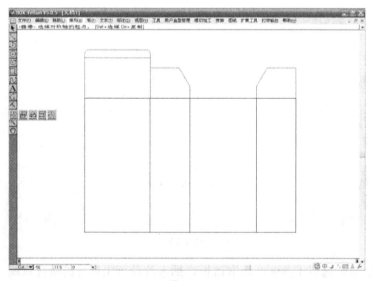，选取盖板、插入片及防尘襟片所形成的整个图形，单击镜像工具 ，按 "Ctrl" 键，将鼠标靠近直线，当出现 "中点" 字样时，单击鼠标右键，即可形成图像的底板、插入片及防尘襟片，如图 3-33 ～ 图 3-34 所示。

图 3-33

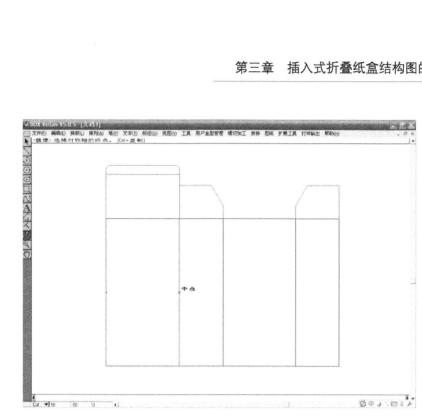

图 3-34

㉑ 单击选取工具 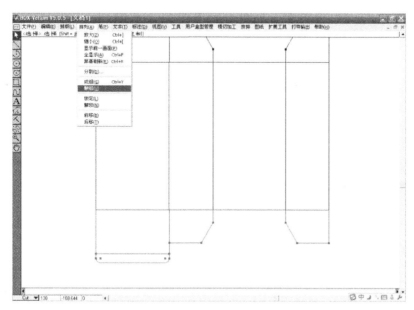，选取盖板及底板的整个图形，打开菜单栏排列 > 解组，使整个图形再次成为各个直线，如图 3-35 所示。

图 3-35

㉒ 单击平行线工具，选择板 1 最左端的直线，随意拉出一条直线，在数值输入栏中距离变量 d 中输入 6mm，如图 3-36 所示。

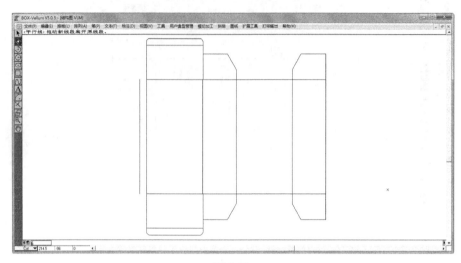

图 3-36

㉓ 单击菜单栏排版 > 辅助线，打开辅助线对话框。在辅助线对话框中，分别在角度选项中，输入 45°和 -45°，等距线为 0，在选项 X* 处单击相应的端点，画出辅助线，如图 3-37 ~ 图 3-39 所示。

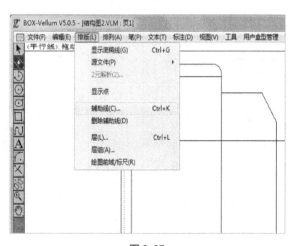

图 3-37

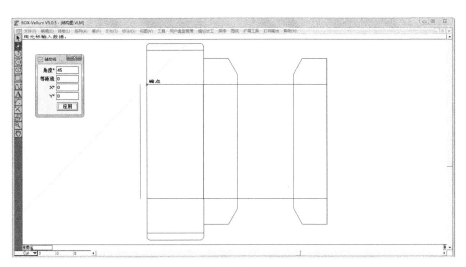

图 3-38

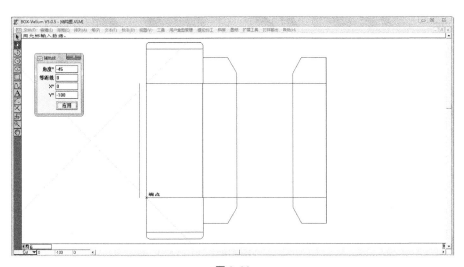

图 3-39

㉔单击直线工具，连接辅助线与直线的交点，如图 3-40 所示。单击裁剪工具，对图形进行裁剪，如图 3-41 所示。

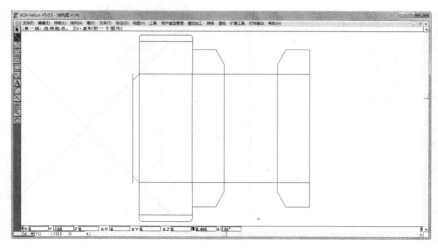

图 3-40

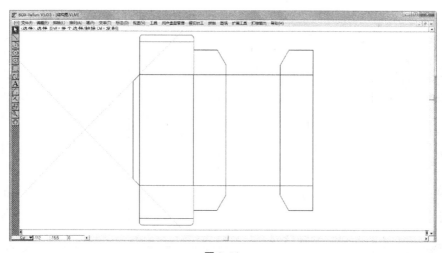

图 3-41

㉕ 单击选取工具 ,选择折叠线,打开菜单栏编辑 > 图形编辑,打开图形编辑对话框,在菜单参数"模式"中选择合适的直线的类型,如图 3-42～图 3-44 所示。

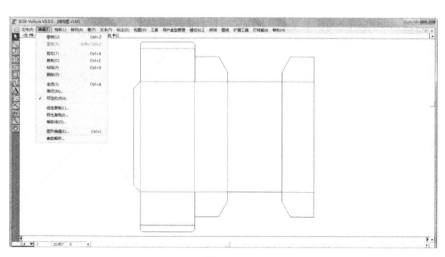

图 3-42

图 3-43

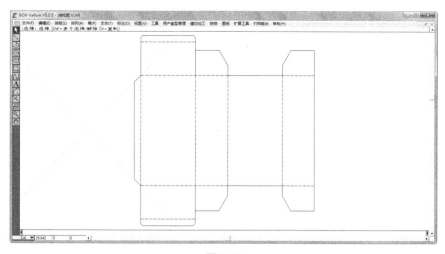

图 3-44

㉖ 单击菜单栏标注 > 显示面板，打开标注面板，并选择不同的工具，对其进行标注，如图 3-45 ～图 3-46 所示。

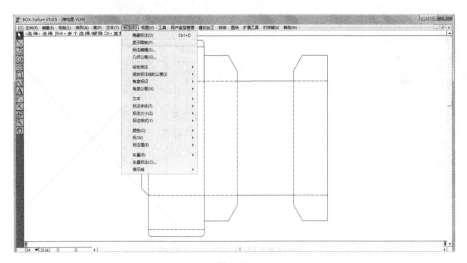

图 3-45

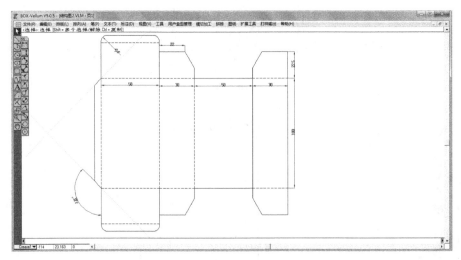

图 3-46

㉗ 按住 Shift 键，单击选择工具 ，全选标注，然后单击菜单栏标注 > 标注编辑，打开标注标准对话框，对标准进行一定的修改，如图 3-47 ～图 3-48 所示。

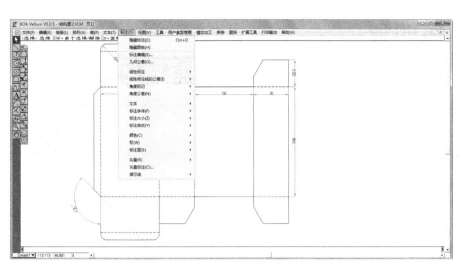

图 3-47

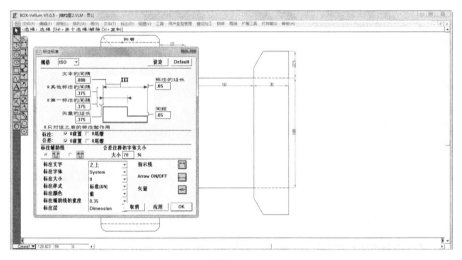

图 3-48

|第四章|
曲孔锁合反插式折叠纸盒结构图的绘制

4.1 训练技能

- 直线工具
- 耳页面板的使用
- 标注面板的使用
- 二点间的长度的使用
- 复制工具
- 辅助线的画法及使用
- 等距线的使用
- 圆弧工具
- 裁切工具
- 镜像工具
- 放大镜工具
- 全显示命令
- 删除功能

4.2 训练内容

按图 4-1 所示的尺寸，绘制曲孔锁合反插式折叠纸盒。

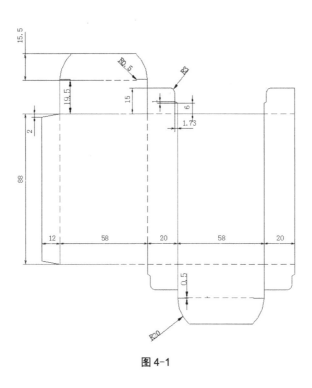

图 4-1

4.3 制作步骤

①打开软件,用鼠标单击菜单栏排版>源文件>单位,打开单位对话框,选择作图时的单位,然后用鼠标单击 OK 按钮,如图 4-2～图 4-3 所示。

图 4-2

图 4-3

② 单击直线工具 ，按 Ctrl+Shift 键，在页面上形成相互垂直的辅助线，如图 4-4～图 4-5 所示。

图 4-4

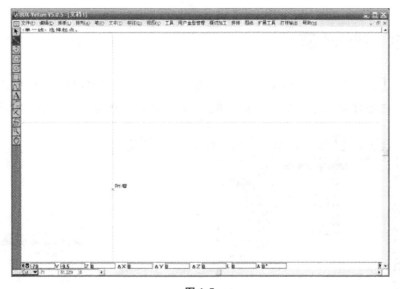

图 4-5

③ 单击菜单栏工具＞辅助绘图功能设置，打开"辅助绘图功能设置"

对话框，对捕捉的点进行设置，如图4-6～图4-7所示。

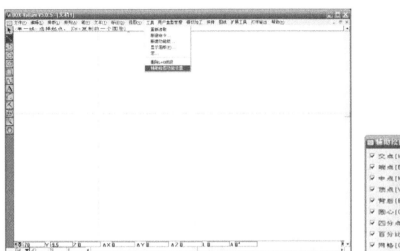

图4-6　　　　　　　　　　　　　　　　　图4-7

④单击辅助线的交点，然后单击菜单栏排版＞辅助线，打开"辅助线"对话框。将需要画的辅助线的角度设为0°，等距线设为88mm，在X*处单击辅助线的交点，单击应用按钮，如图4-8～4-11所示。

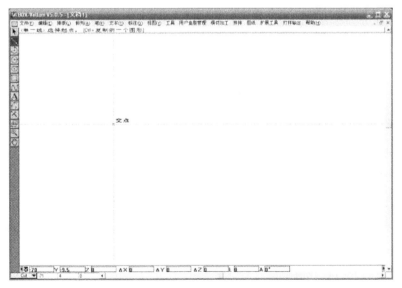

图4-8

图 4-9

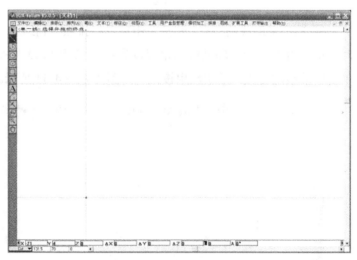

图 4-10   图 4-11

⑤ 重复步骤④，对需要画的平行的多个辅助线的角度及距初始点的距离进行设置，角度为 -90°，等距线分别为 12mm、70mm、90mm、148mm、168mm，等距线各个数值间以"；"进行间隔，在 X* 选项中单击辅助线的交点，如图 4-12 所示。

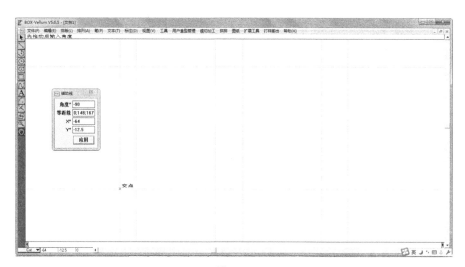

图 4-12

⑥ 重复步骤④，对需要画的辅助线的角度及距初始点的距离进行设置，其中角度为 0°，等距线为 -2mm，在 X* 选项中单击辅助线的交点，如图 4-13 所示。

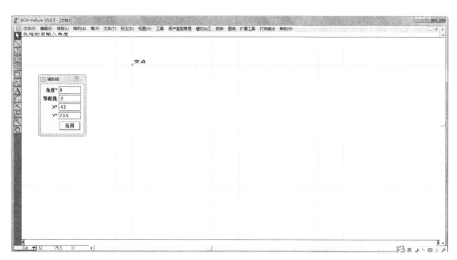

图 4-13

⑦ 重复步骤④，对需要画的辅助线的角度及距初始点的距离进行设置，其中角度为 0°，等距线为 2mm，在 X* 选项中单击辅助线的交点，如图 4-14 所示。

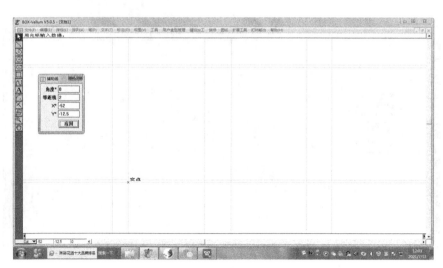

图 4-14

⑧ 单击菜单栏工具 > 新建命令，打开"新建命令"对话框。按" 🠊 "
或者" 🠋 "按钮，保存"辅助绘图功能设置"和"删除 L=0 线段"命令，
如图 4-15 ～图 4-16 所示。

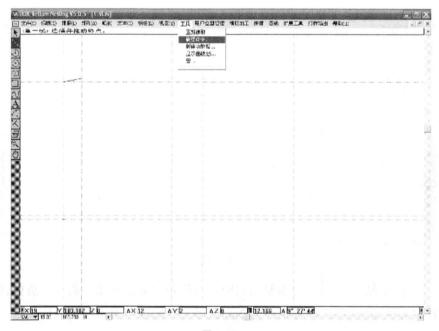

图 4-15

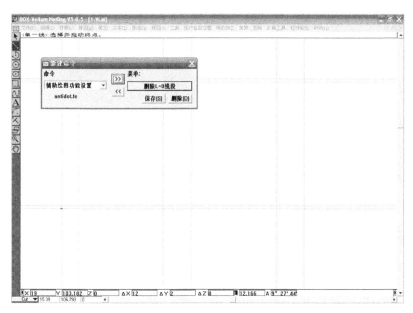

图 4-16

⑨ 单击菜单栏工具 > 辅助绘图功能设置，打开"辅助绘图功能设置"对话框，对需要捕捉的点进行设置，如图 4-17 ～图 4-18 所示。

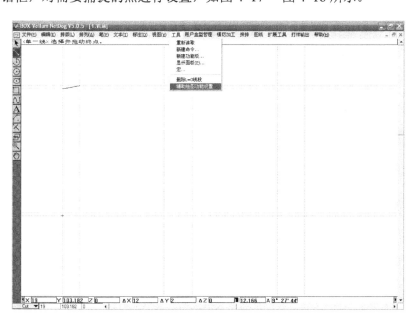

图 4-17

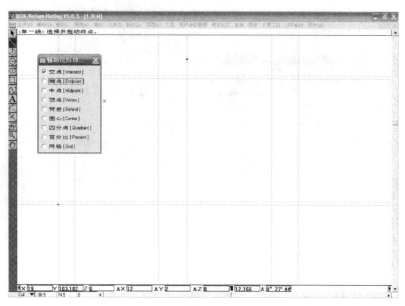

图 4-18

⑩ 单击直线工具，然后捕捉辅助线的交点，将纸盒的盒体结构连接起来，如图 4-19～图 4-20 所示。

图 4-19

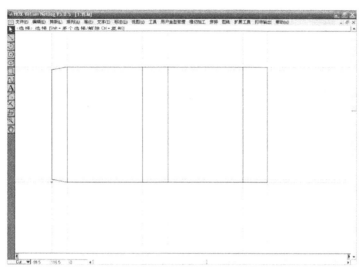

图 4-20

⑪ 单击选取工具 ，并选择其中一条直线。单击菜单栏编辑 > 等距线，打开"等距线"对话框，在"等距线值"项中不同的直线距离所选直线的距离值分别设置为 19.5mm、20mm、35mm，各个数值之间以"；"间隔；单击"参照点"项，在页面中，用鼠标直接画出等距线的方向，如图 4-21～图 4-23 所示。

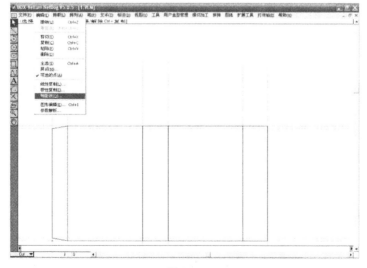

图 4-21

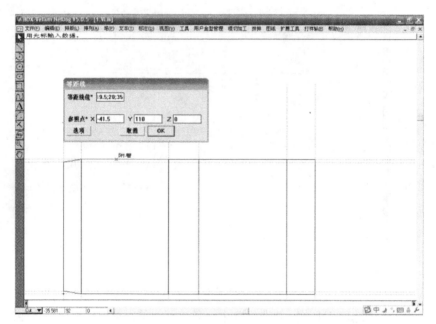

图 4-22

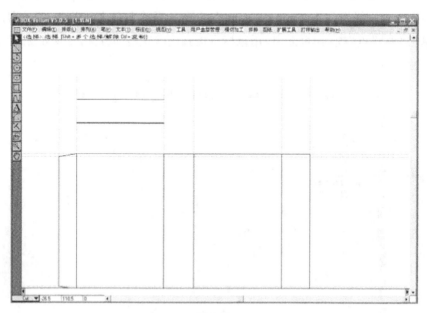

图 4-23

⑫ 单击直线工具 ，捕捉交点，画出直线，如图 4-24 ～图 4-25 所示。

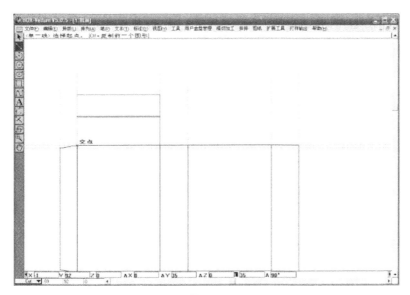

图 4-24

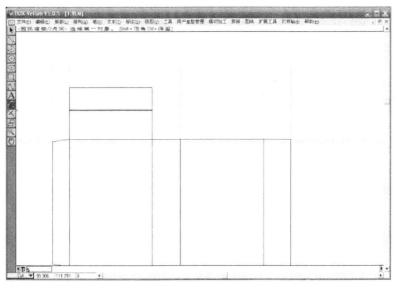

图 4-25

⑬ 单击菜单栏排版 > 辅助线，打开"辅助线"对话框，在选项中，角度设置为 -90°，等距线设置为 8mm，在 X* 中单击端点，然后单击应用按钮，生成辅助线，如图 4-26 所示。

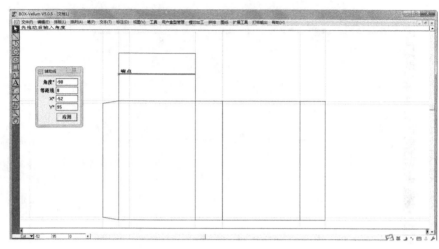

图 4-26

⑭ 用鼠标单击工具栏中的圆弧工具 ，画出一个半径为 20mm 的圆弧，并使圆弧与辅助线及直线的交点相重合，如图 4-27 所示。

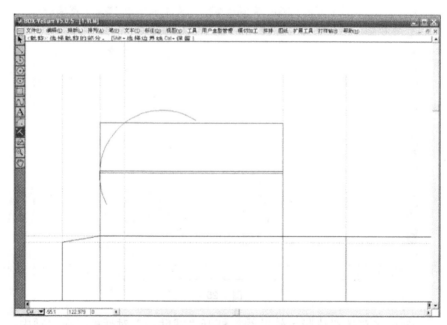

图 4-27

⑮ 单击裁切 / 保留工具 ，单击需要裁切掉的部分，如图 4-28 所示。

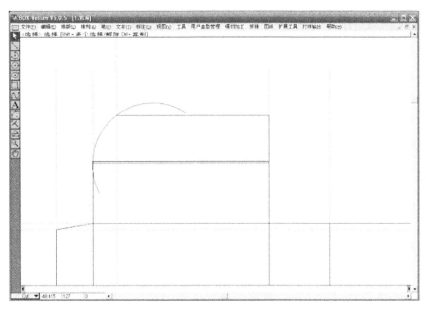

图 4-28

⑯ 单击选取工具，选取裁切的边界线，然后选取裁切 / 保留工具，单击需要裁切掉的部分，如图 4-29 ～图 4-30 所示。

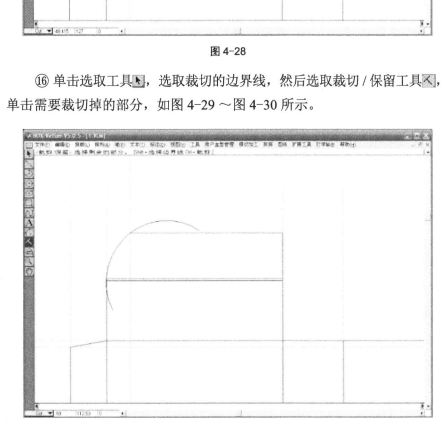

图 4-29

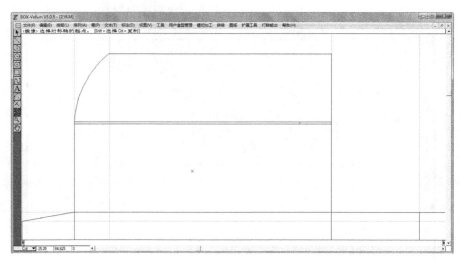

图 4-30

⑰ 单击镜像工具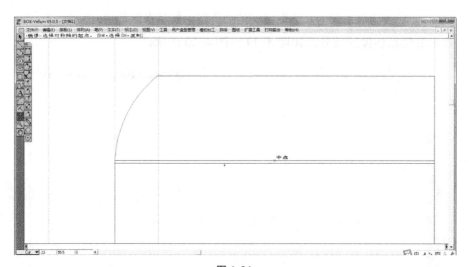，选取对称轴的两个端点，同时按 Ctrl 键，对圆弧进行镜像复制，如图 4-31 ～图 4-33 所示。

图 4-31

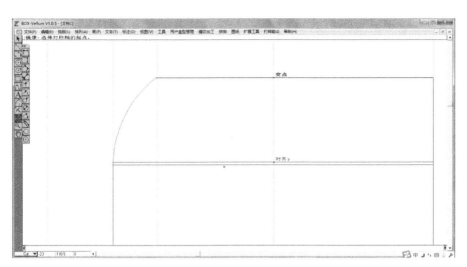

图 4-32

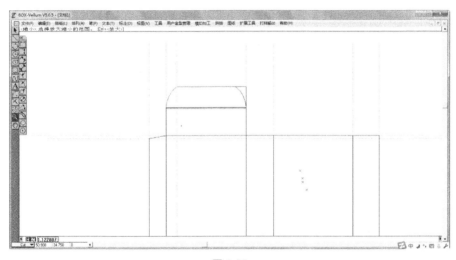

图 4-33

⑱ 单击选取工具 ，选取裁切的边界线，然后选取裁切 / 保留工具 ，单击需要裁切掉的部分，如图 4-34 ～图 4-35 所示。

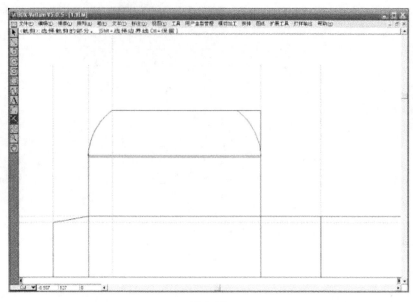

图 4-34

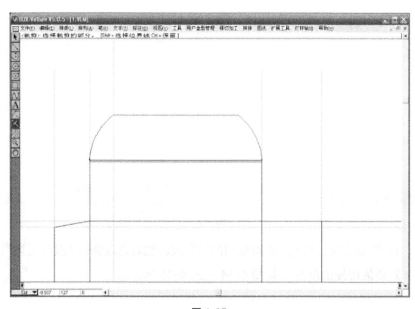

图 4-35

⑲ 单击放大镜工具 🔍，对图形进行放大。并在工具栏中选取圆形工具 ⊙，做一个 R=0.5mm 的圆，将圆放到合适的位置，如图 4-36～图 4-37 所示。

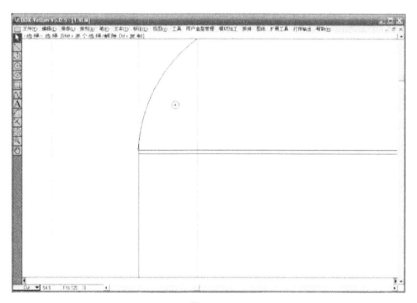

图 4-36

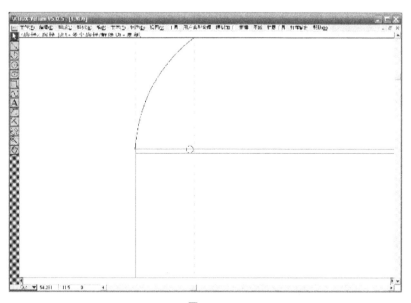

图 4-37

⑳ 单击选取工具，单击边界线，然后单击裁切 / 保留工具，单击需要裁切部分。然后重新选取边界线，用裁切工具单击需要裁切部分，如图 4-38 ～图 4-39 所示。

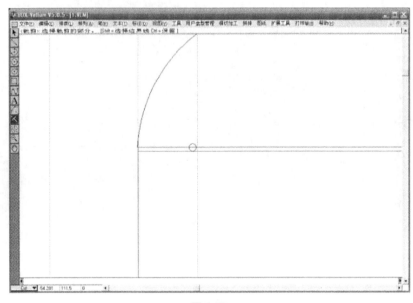

图 4-38

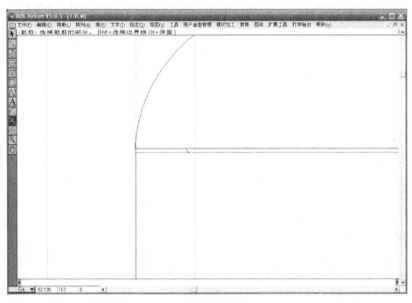

图 4-39

㉑ 单击选取工具 ，选取所作圆弧，然后单击镜像工具 ，单击两直线的中点，同时按 Ctrl 键，对圆弧进行镜像复制，如图 4-40 ～图 4-42 所示。

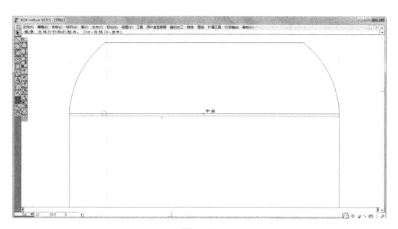

图 4-40

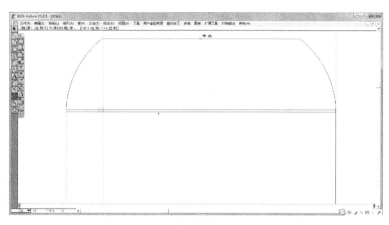

图 4-41

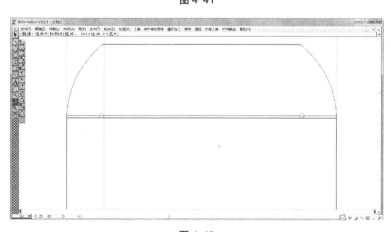

图 4-42

㉒ 单击裁切／保留工具⊠，单击需要裁切部分，如图 4-43 ～图 4-44
所示。

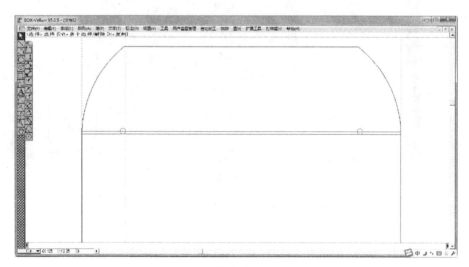

图 4-43

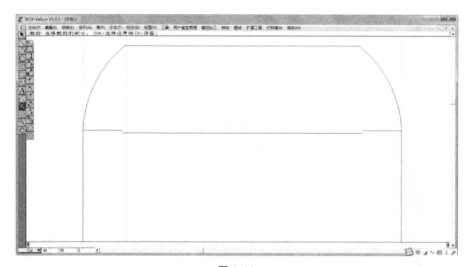

图 4-44

㉓ 单击菜单栏扩展工具＞显示耳页，打开耳页工具栏，如图 4-45 ～图
4-46 所示。

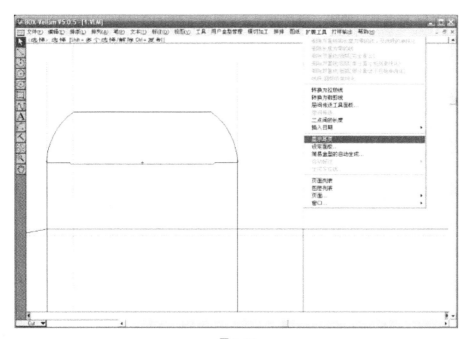

图 4-45

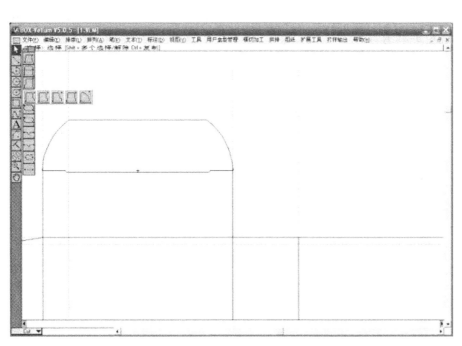

图 4-46

㉔ 单击需要的防尘襟片的样式，在防尘襟片的位置用鼠标在页面上从左下往右上进行拉伸，然后在数值输入栏中，设置 W 为 20mm，H 为 15mm，H2 为 6mm，H3 为 1mm，G 为 1.73mm，R 为 3mm，按 Enter 键，如图 4-47 所示。

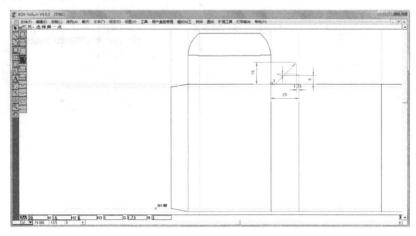

图 4-47

㉕ 单击耳页工具栏的上端，选取"关闭"项，将耳页工具栏进行关闭，如图 4-48 所示。

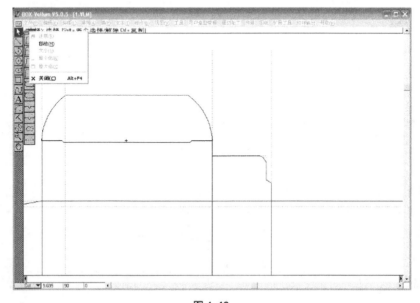

图 4-48

㉖ 单击菜单栏排列＞全显示，将图形在整个页面中进行显示，如图4-49～图4-50所示。

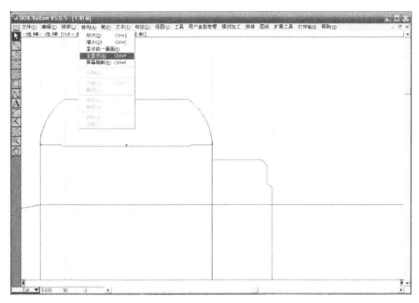

图 4-49

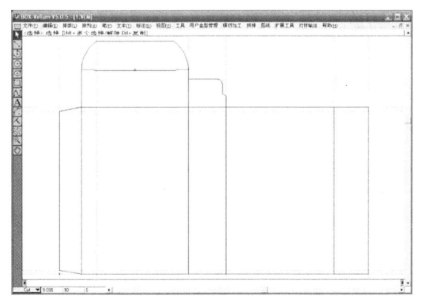

图 4-50

㉗单击菜单栏扩展工具 > 显示耳页工具面板，打开耳页工具栏，如图 4-51 所示。

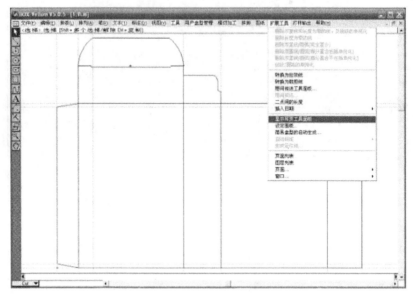

图 4-51

㉘单击选择工具█，选取防尘襟片，单击镜像工具█，选择对称轴的两个端点即图上显示为"中点"的位置，按住 Ctrl 键，完成镜像复制，如图 4-52 ～图 4-55 所示。

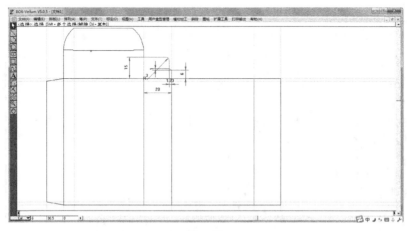

图 4-52

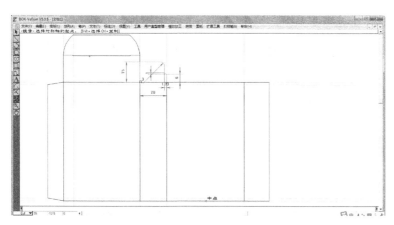

图 4-53

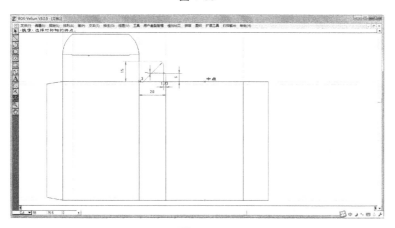

图 4-54

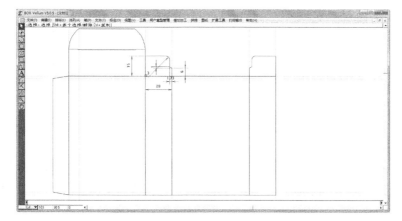

图 4-55

㉙单击选取工具 ⬆，选中其中一个防尘襟片，然后在工具栏中选中镜像工具 🔲，单击两条直线的中点，同时按 Ctrl 键，对防尘襟片进行镜像复制，如图 4-56～图 4-57 所示。

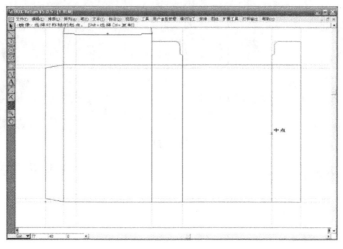

图 4-56

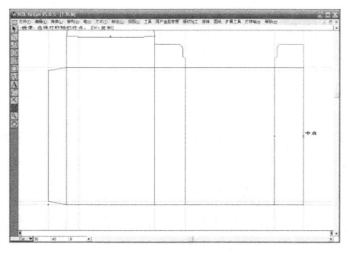

图 4-57

㉚单击选取工具 ⬆，选中防尘襟片，然后单击镜像工具 🔲，单击一条直线的中点，垂直作垂线，对防尘襟片进行镜像复制，如图 4-58～图 4-62 所示。

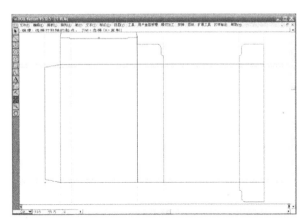

图 4-58

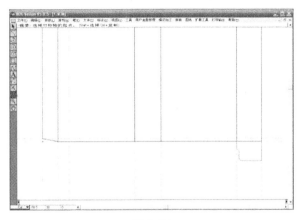

图 4-59

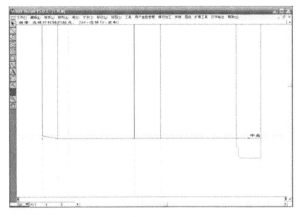

图 4-60

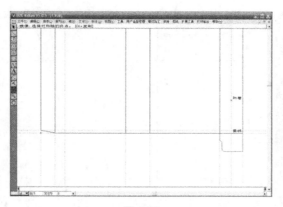

图 4-61

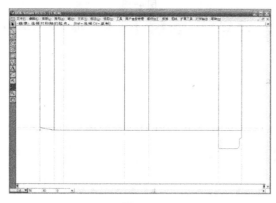

图 4-62

㉛重复步骤㉙及㉚，对另外一个防尘襟片镜像复制，如图 4-63 ～图 4-68 所示。

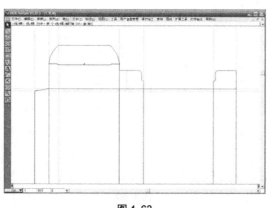

图 4-63

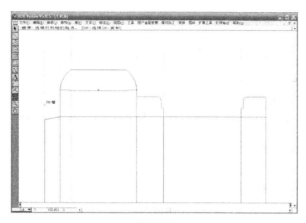

图 4-64

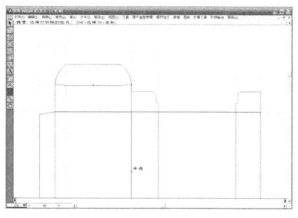

图 4-65

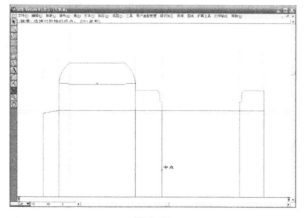

图 4-66

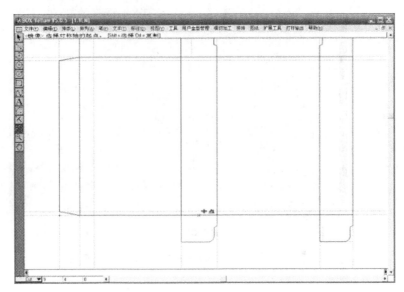

图 4-67

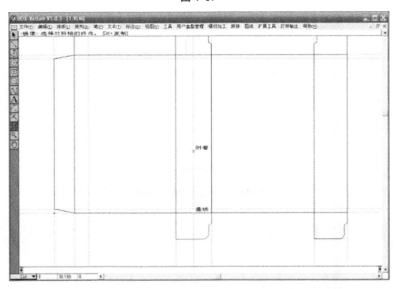

图 4-68

㉜单击选取工具，选中盒盖结构，然后单击镜像工具，分别选取不同直线的中点，使盒盖结构能够镜像复制及镜像操作，如图4-69～图4-76所示。

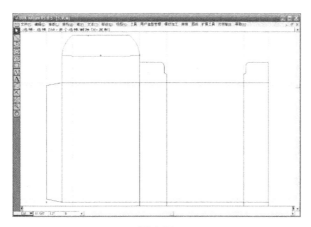

图 4-69

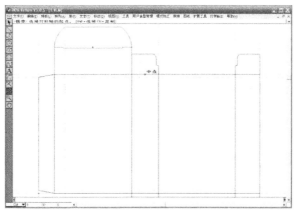

图 4-70

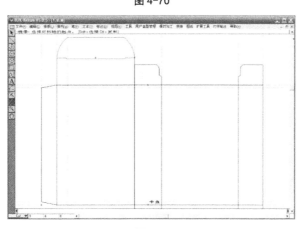

图 4-71

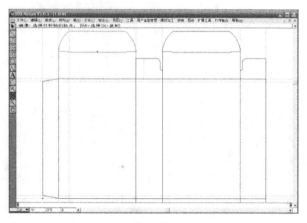

图 4-72

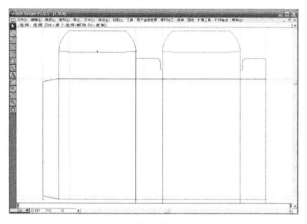

图 4-73

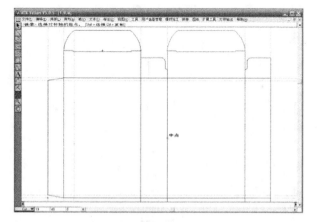

图 4-74

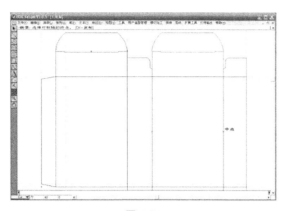

图 4-75

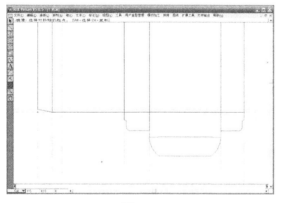

图 4-76

㉝单击菜单栏排列 > 全显示，使图形能够全部显示在页面中，如图4-77 ～图 4-78 所示。

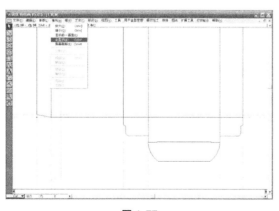

图 4-77

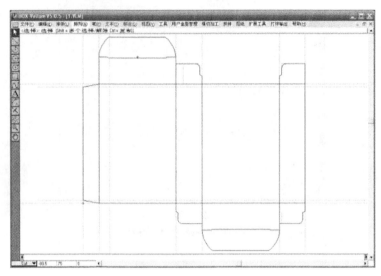

图 4-78

㉞单击工具栏中的选取工具 ，选中折叠线。然后用鼠标单击菜单栏
笔 > 模式 >Hidden， 将线型转变为折叠线，如图 4-79 ～图 4-81 所示。

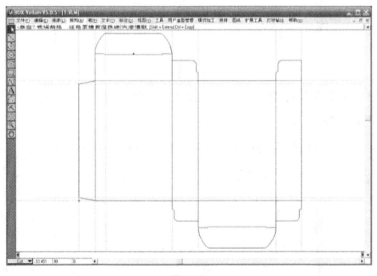

图 4-79

㉟单击菜单栏排版 > 删除辅助线，将所有辅助线进行删除，如图
4-82 ～图 4-83 所示。

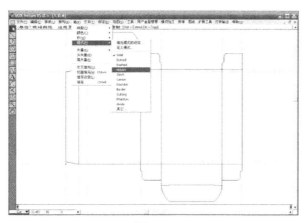

图 4-80

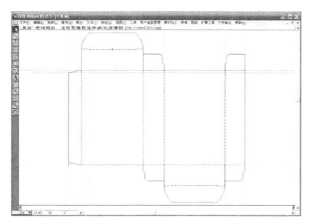

图 4-81

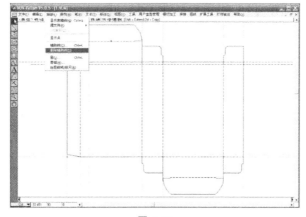

图 4-82

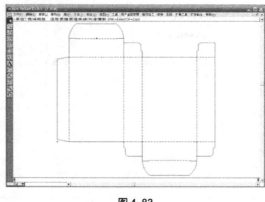

图 4-83

㊱单击菜单栏工具＞删除 L=0 线段，将点删除，如图 4-84 ～图 4-85
所示。

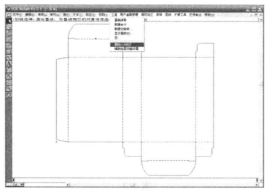

图 4-84

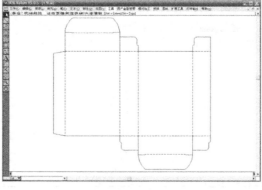

图 4-85

㊲单击菜单栏扩展工具＞二点间的长度，然后单击线段的起点和结束点，可以在提示栏中看到线段在 X 轴和 Y 轴两个方向上的长度，如图4-86～图 4-88 所示。

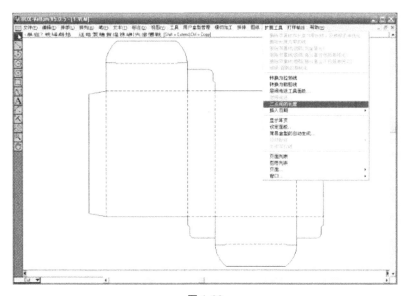

图 4-86

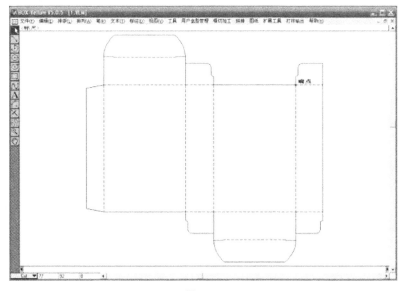

图 4-87

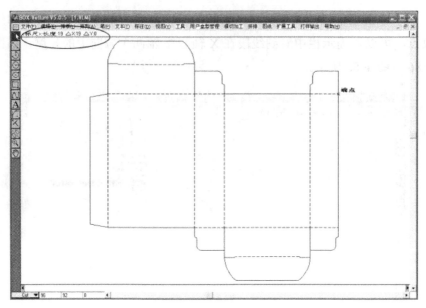

图 4-88

㊳单击菜单栏标注＞显示面板，打开标注面板工具栏，如图 4-89 ～图 4-90 所示。

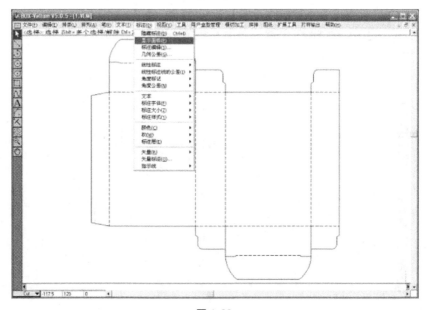

图 4-89

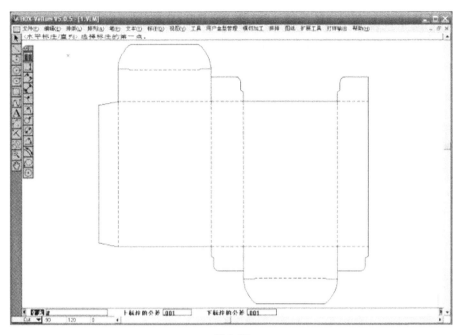

图 4-90

　㉟单击水平标注 / 直列工具，然后用鼠标分别单击需要标注的线段的端点即可进行水平方向上的标注，如图 4-91 所示。

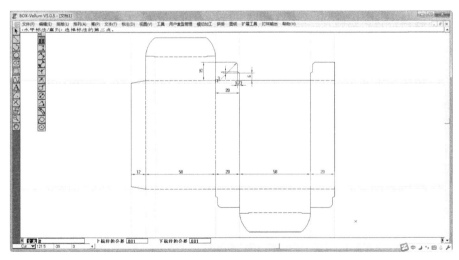

图 4-91

㊵单击垂直标注/直列工具▉，选择需要标注的线段的端点。标注完毕后，选中垂直方向上的标注，拖到合适的位置，如图 4-92 ～图 4-95 所示。

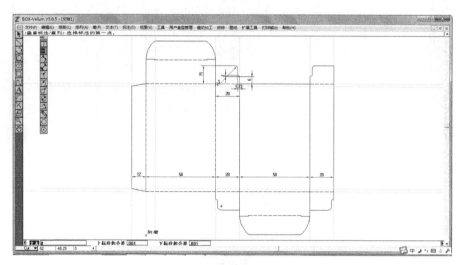

图 4-92

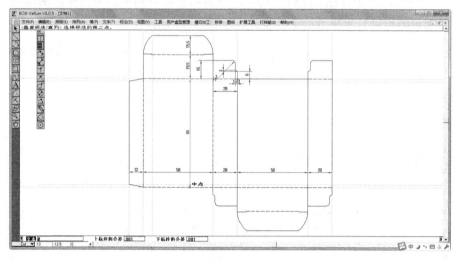

图 4-93

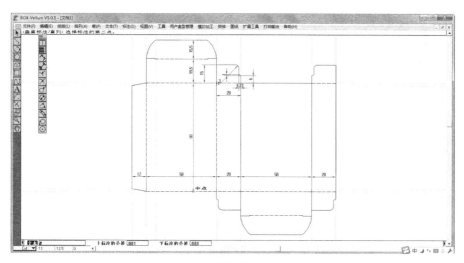

图 4-94

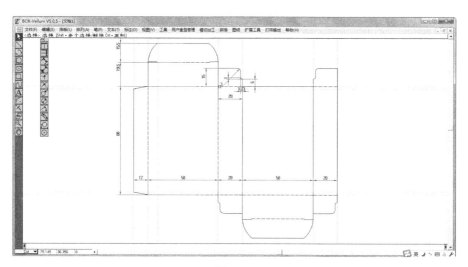

图 4-95

㊶选择垂直方向上的标注█，分别单击线段的两个端点即可进行标注，如图 4-96 所示。

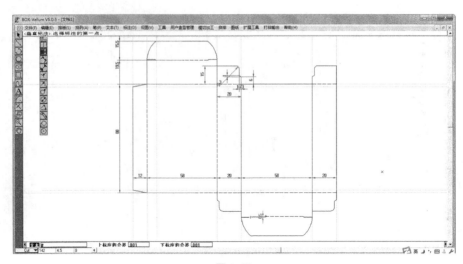

图 4-96

㊷单击菜单栏标注＞颜色＞黑，然后再进行标注，标注线及标注文字都显示为黑色，如图 4-97 ～图 4-98 所示。

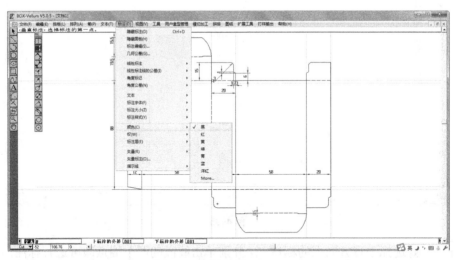

图 4-97

㊸在数值输入栏中的文本选项中的"#"后加上标注的单位，再进行标注时，标注文字上就会显示单位，如图 4-99 ～图 4-100 所示。

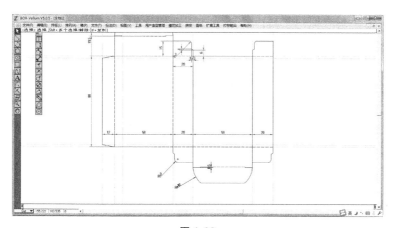

图 4-98

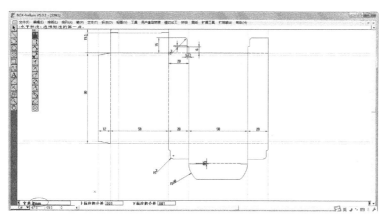

图 4-99

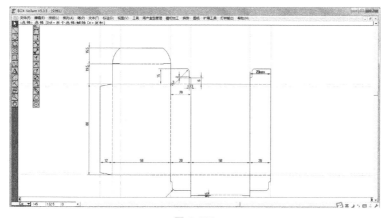

图 4-100

㊹单击角度标记工具，然后单击需要标注的角度，即可标注出角度，如图 4-101 所示。

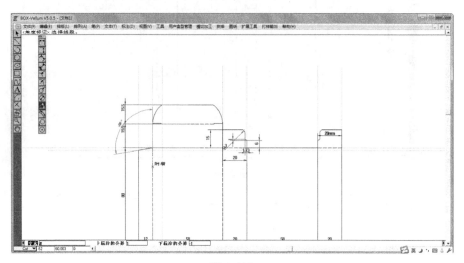

图 4-101

㊺如若想标注的尺寸是自己设定的数值，可以在输入栏中的文本选项中，去掉"#"，重新进行设置，然后进行标注，就会得出确定的数值，如图 4-102 所示。

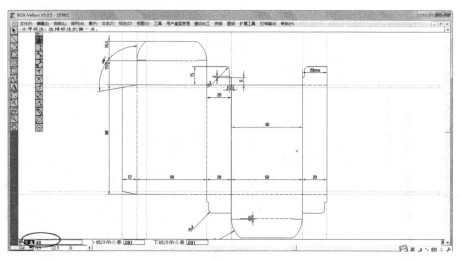

图 4-102

㊻如若标注的字体大小不合适时，用鼠标左键选中标注，然后单击菜单栏标注＞标注大小选择合适的文字大小，如图 4-103 ～图 4-104 所示。

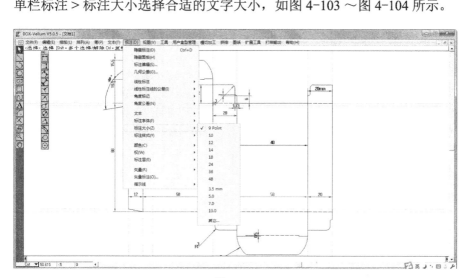

图 4-103

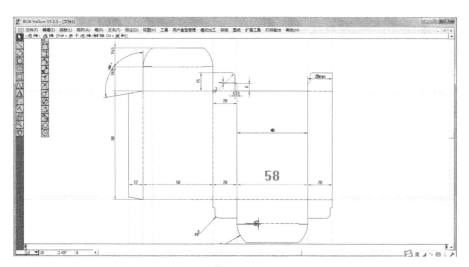

图 4-104

㊼如若箭头的样式不对，用选取工具 ，选中标注，然后单击菜单栏标注＞矢量，选择合适的箭头样式，如图 4-105 ～图 4-106 所示。

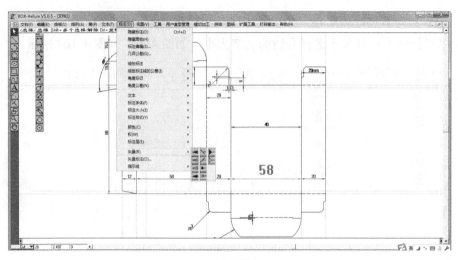

图 4-105

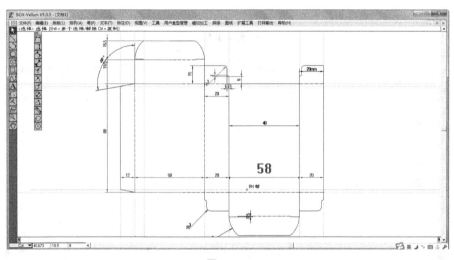

图 4-106

㊽如若箭头的大小不合适，用选取工具 ▣，选中标注，然后单击菜单栏标注 > 矢量标注，打开矢量编辑对话框，如图 4-107 ～图 4-109 所示。

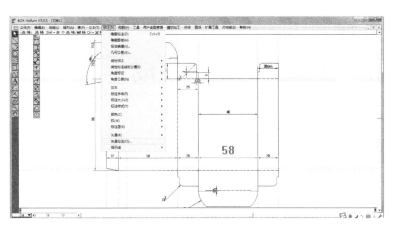

图 4-107

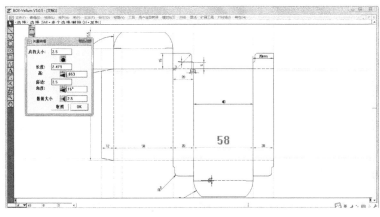

图 4-108

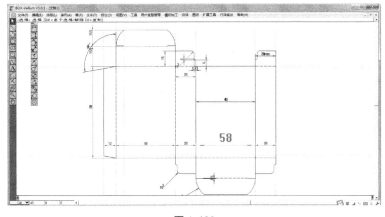

图 4-109

|第五章|
简易折叠纸盒的自动生成

5.1 训练技能

- 各种不同的简易纸盒的自动生成的方法

5.2 训练内容

用自动生成的方法，分别作出飞机式插入式折叠纸盒、自锁底式折叠纸盒、法国反插式折叠纸盒、直插式插入式折叠纸盒（具有扣手，且居中）和锁底式 E 瓦楞折叠纸盒（具有扣手，且不居中）结构图。

5.3 制作步骤

5.3.1 飞机式插入式折叠纸盒

飞机式插入式折叠纸盒结构图，如图 5-1 所示。

① 打开软件，单击菜单栏扩展工具 > 简易纸盒的自动生成，打开 Package Assist 对话框，如图 5-2 ～图 5-3 所示。

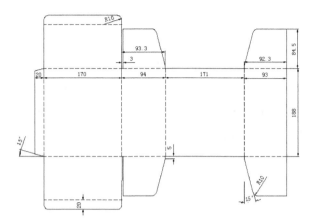

图 5-1

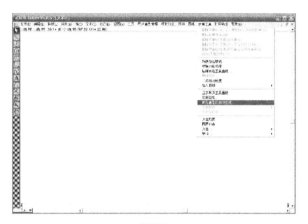

图 5-2

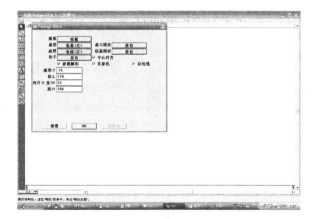

图 5-3

② 在对话框中，在盒盖及盒底中选择套盖（左），盖口固定、底盖固定及扣手为没有，纸厚 T 为 0.75，当然也可以根据实际的纸厚进行填写，纵 L 为 170mm，宽 W 为 93mm，高 H 为 186mm，然后单击"OK"按钮，此时，显示为黑色。对话框中，显示出纸盒的各个参数。此时，可以在对应的不同参数中输入不同的数值，粘贴宽：A 为 20mm，折叠宽：F2 为 20mm，耳页 1：G1 为 5mm、R 为 10mm，单击"图形化"按钮，纸盒图形出现在页面上，如图 5-4～图 5-6 所示。

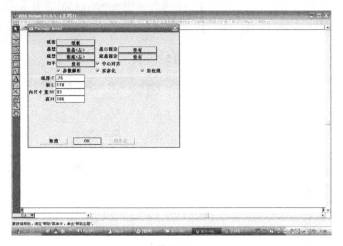

图 5-4

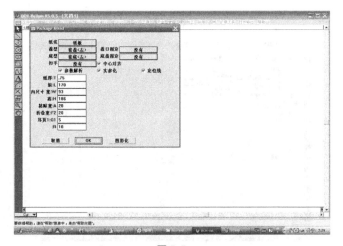

图 5-5

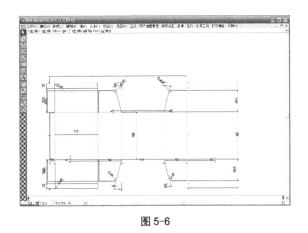

图 5-6

5.3.2　自锁底式折叠纸盒（具有曲孔锁合的插入式盒盖）

自锁底式折叠纸盒（具有曲孔锁合的插入式盒盖）的结构图，如图 5-7 所示。

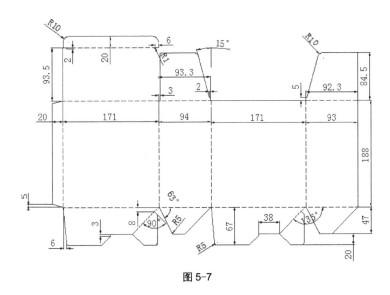

图 5-7

① 打开软件，单击菜单栏扩展工具 > 简易纸盒的自动生成，打开 Package Assist 对话框。在对话框中，选项盖型为套盖（左），底型为简易组装盒，盖口固定为有，底盖固定和扣手为没有，如图 5-8 ～图 5-9 所示。

图 5-8

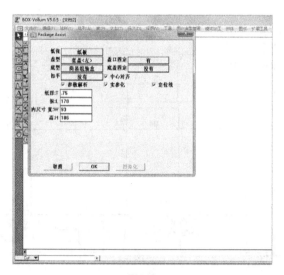

图 5-9

②在对话框中，选项盖型为套盖（左），底型为简易组装盒，盖口固定为有，底盖固定和扣手为没有，纸厚 T 为 0.75，当然也可以根据实际的纸厚进行填写，纵 L 为 170mm，宽 W 为 93mm，高 H 为 186mm，然后单击 OK 按钮。对话框中，显示出纸盒的各个参数。此时，可以在对应的不

同参数中输入不同的数值，粘贴宽 A 为 20mm，折叠宽 F2 为 20mm，耳页 1 中 G1 为 5mm、R 为 10mm，底部锁长 Z 为 20mm，单击图形化按钮，纸盒图形出现在页面上，如图 5-10 ～图 5-11 所示。

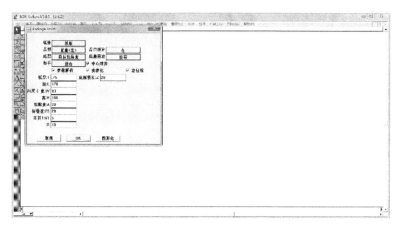

图 5-10

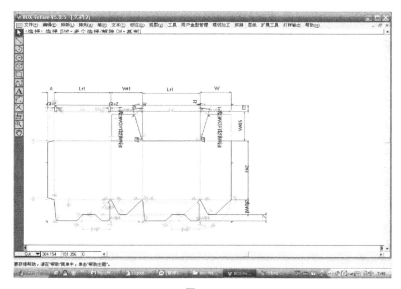

图 5-11

5.3.3　法国反插式折叠纸盒

法国反插式折叠纸盒结构图，如图 5-12 所示。

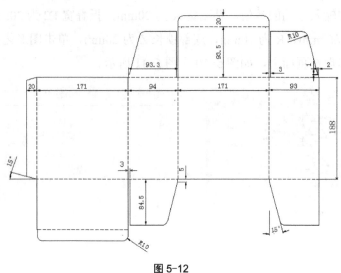

图 5-12

① 打开软件，用鼠标单击菜单栏扩展工具 > 简易纸盒的自动生成，打开 Package Assist 对话框，如图 5-13 ～图 5-14 所示。

图 5-13

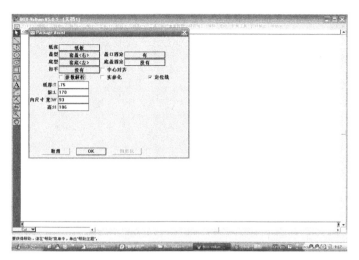

图 5-14

②在对话框中，选项盖型为套盖（右），底型为盖底（左），盖口固定为没有，底盖固定和扣手为没有，纸厚 T 为 0.75，当然可以根据实际的纸厚进行填写，纵 L 为 170mm，宽 W 为 93mm，高 H 为 186mm，然后单击 OK 按钮。对话框中，显示出纸盒的各个参数。此时，可以在对应的不同参数中输入不同的数值，粘贴宽 A 为 20mm，折叠宽 F2 为 20mm，耳页 1 中 G1 为 5mm、R 为 10mm，单击图形化按钮，纸盒图形出现在页面上，如图 5-15 ～图 5-17 所示。

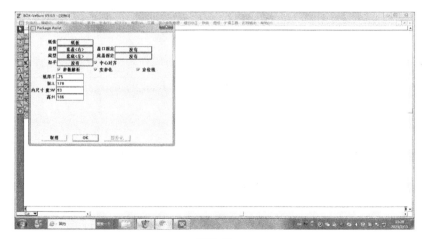

图 5-15

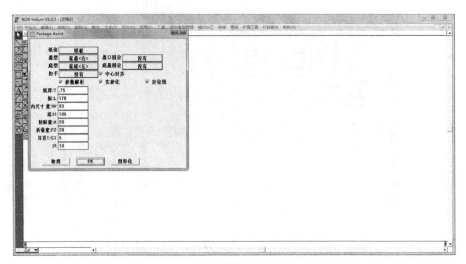

图 5-16

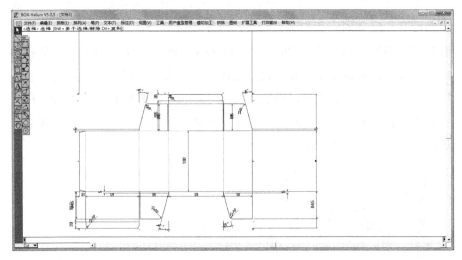

图 5-17

5.3.4　直插式插入式折叠纸盒（具有扣手，且居中）

直插式插入式折叠纸盒结构图，如图 5-18 所示。

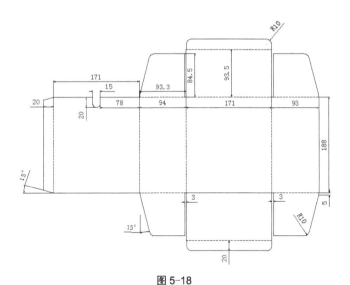

图 5-18

① 打开软件，单击菜单栏扩展工具 > 简易纸盒的自动生成，打开 Package Assist 对话框，如图 5-19 ～图 5-20 所示。

图 5-19

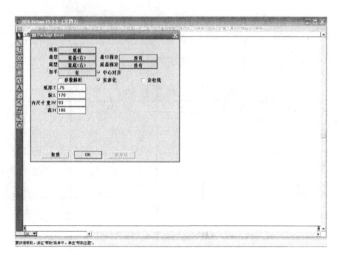

图 5-20

② 在对话框中，选项盖型为套盖（右），底型为盖底（右），盖口固定和底盖固定为没有，扣手为有，纸厚 T 为 0.75，当然也可以根据实际的纸厚进行填写，纵 L 为 170mm，宽 W 为 93mm，高 H 为 186mm，然后单击 OK 按钮。对话框中，显示出纸盒的各个参数。此时，可以在对应的不同参数中输入不同的数值，粘贴宽 A 为 20mm，折叠宽 F2 为 20mm，耳页 1 中 G1 为 5mm、R 为 10mm，扣手宽 J 为 15mm，扣手位置 I 为 78mm，扣手高 M 为 20mm，单击图形化按钮，纸盒图形出现在页面上，如图 5-21～图 5-23 所示。

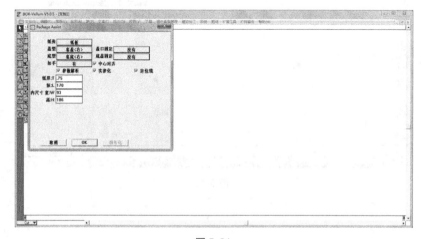

图 5-21

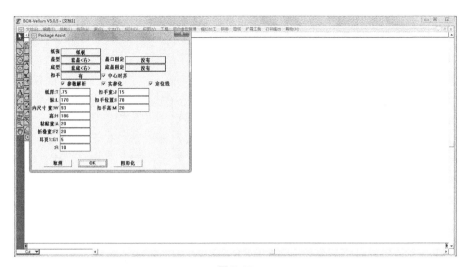

图 5-22

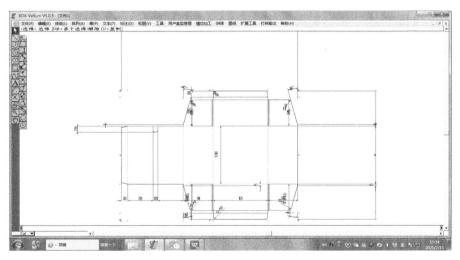

图 5-23

5.3.5　E 瓦楞锁底式折叠纸盒（具有扣手，且不居中）

E 瓦楞锁底式折叠纸盒结构图，如图 5-24 所示。此纸盒具有扣手，但此扣手不居中。

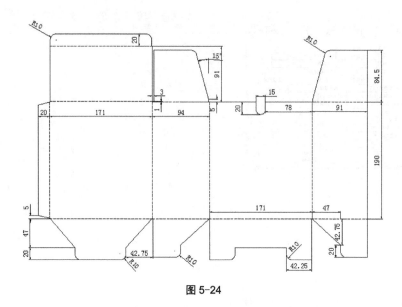

图 5-24

① 打开软件，单击菜单栏扩展工具 > 简易纸盒的自动生成，打开
Package Assist 对话框，如图 5-25 ～图 5-26 所示。

图 5-25

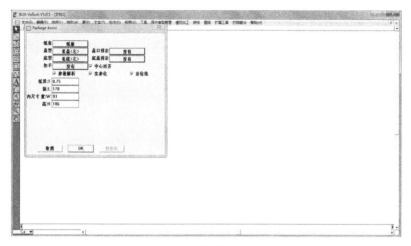

图 5-26

②在对话框中，选项纸板为 E 段，盖型为套盖（左），底型为底组盒（左），盖口固定和底盖固定为没有，扣手为有，纸厚 T 为 1mm，当然也可以根据实际的纸厚进行填写，纵 L 为 170mm，宽 W 为 93mm，高 H 为 186mm，然后单击 OK 按钮。对话框中，显示出纸盒的各个参数。此时，可以在对应的不同参数中输入不同的数值，粘贴宽 A 为 20mm，折叠宽 F2 为 20mm，耳页 1 中 G1 为 5mm、R 为 10mm，底部锁长 Z 为 20mm，扣手宽 J 为 15mm，扣手位置 I 为 78mm，扣手高 M 为 20mm，单击图形化按钮，纸盒图形出现在页面上，如图 5-27 ～图 5-29 所示。

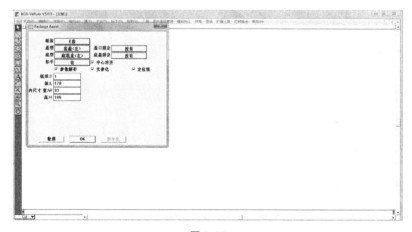

图 5-27

125

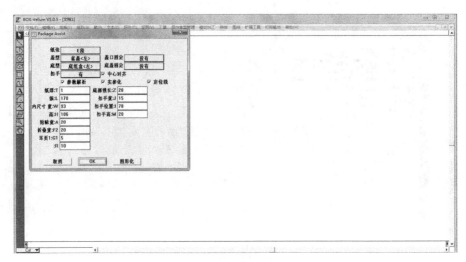

图 5-28

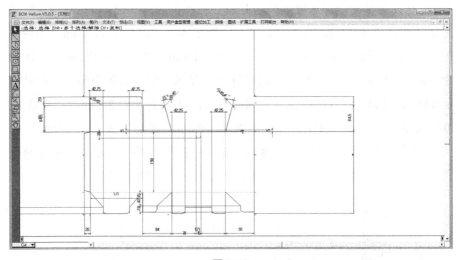

图 5-29

5.3.6 知识点

1. 示意图

不同的名称所对应的示意图，如表 5-1 ～表 5-2 所示。

表 5-1　盖型结构示意图

盖型名称	示意图
套盖（左）	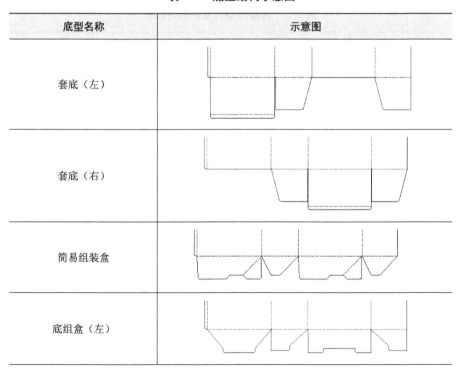
套盖（右）	
A 型盒	

表 5-2　底型结构示意图

底型名称	示意图
套底（左）	
套底（右）	
简易组装盒	
底组盒（左）	

续表

底型名称	示意图
底组盒（右）	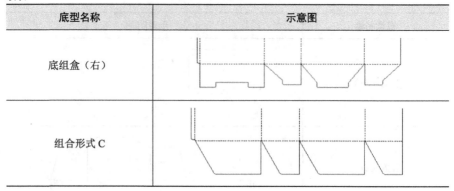
组合形式 C	

2. 盒型

A. 纸板

在 Package Assist 对话框中，盒盖等各个选项不同时会生成不同的盒型，如表 5-3 ～表 5-5 所示。此三个表针对纸板，纸板的厚度为 0.75mm。

表 5-3　盒盖类型与盒型的对应表

盖口固定		有	没有
盖型	套盖（左）	插入式曲孔锁合盒盖结构	插入式盒盖结构
	套盖（右）	插入式曲孔锁合盒盖结构	插入式盒盖结构

表 5-4　盖型与扣手选择类型的对应关系表

扣手		有	没有
盖型	套盖（左）	形成扣手结构	无扣手结构
	套盖（右）		

注：扣手——在盒体上的曲线设计，主要是为了方便取出。

表 5-5 盒底类型与盒型的对应表

底盖固定		有	没有
底型	套底（左）	插入式曲孔锁合盒底结构	插入式盒底结构
	套底（右）	插入式曲孔锁合盒底结构	插入式盒底结构
	简易组装盒	自锁底式盒底结构	
	底组盒（左）	锁底式盒底结构	
	底组盒（右）		

B. 瓦楞纸板

在 Package Assist 对话框中，瓦楞纸板的类型，如表 5-6 所示。

表 5-6 瓦楞纸板类型及厚度表

瓦楞纸板类型	E 段	B 段	A 段	AB 段
厚度 /mm	1	3	6	9

在 Package Assist 对话框中，盒盖等各个选项不同时会生成不同的盒型，如表 5-7 ～表 5-9 所示。

表 5-7 盒盖类型与盒型对应表

盖口固定		有	没有
盖型	套盖（左）	插入式曲孔锁合盒盖结构	插入式盒盖结构
	套盖（右）	插入式曲孔锁合盒盖结构	插入式盒盖结构
	A 型盒	0201 型盒盖结构	

表 5-8 盖型与扣手选择类型的对应关系

扣手		有	没有
盖型	套盖（左）	形成扣手结构	无扣手结构
	套盖（右）		
	A 型盒	无扣手结构	

注：扣手——在盒体上的曲线设计，主要是为了方便取出。

表 5-9　盒底类型与盒型的对应表

底盖固定		有	没有
底型	套底（左）	插入式曲孔锁合盒底结构	插入式盒底结构
	套底（右）	插入式曲孔锁合盒底结构	插入式盒底结构
	简易组装盒	自锁底式盒底结构	
	底组盒（左）	锁底式盒底结构	
	底组盒（右）		
	组合形式 C	连续摇翼窝进式盒底结构	

| 第六章 |
双盒手提式折叠纸盒结构图的绘制

6.1　训练技能

- 直线工具
- 线型的修改
- 平行线工具
- 连接线段工具
- 圆弧连接 /2 点间工具
- 选择工具
- 镜像工具
- 移动工具
- 辅助绘图功能设置
- 裁剪工具
- 辅助线
- 标注

6.2　训练内容

按图 6-1 所示的结构尺寸，画出下图的结构图。

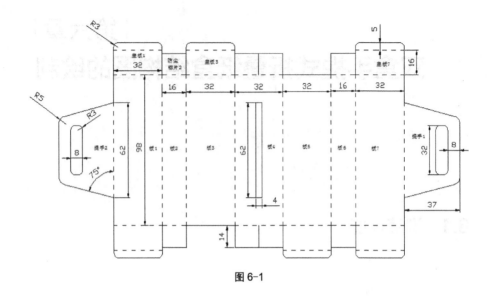

图 6-1

6.3　制作步骤

　　① 打开软件，单击菜单栏排版 > 源文件 > 单位，打开"单位"对话框，选择作图时的单位，然后单击 OK 按钮，如图 6-2 ～图 6-3 所示。

图 6-2

图 6-3

② 单击直线工具，在绘图区随意单击一点作为直线的起点，在数值输入栏的参数 L、A 中分别输入 98、90°，画出一条长为 98mm 的垂直直线，如图 6-4 所示。

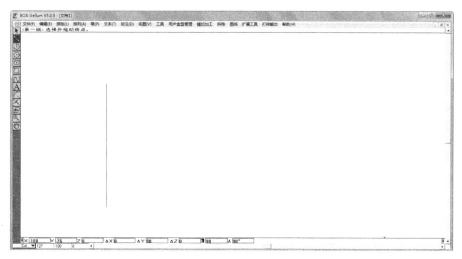

图 6-4

③ 单击平行线工具，单击步骤 ② 所作的直线，随意拉出一条直线，然后在数值输入栏的参数 d 中输入 32，单击 Enter 键，如图 6-5 ～图 6-6 所示。

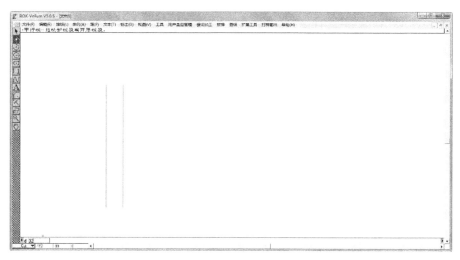

图 6-5

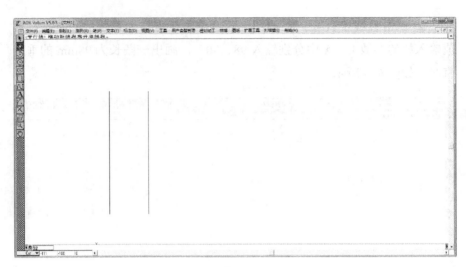

图 6-6

④ 重复步骤 ③，依次以所作的直线为基准，拉出距离分别为 16mm、32mm、32mm、32mm、16mm、32mm 的平行直线，如图 6-7 所示。

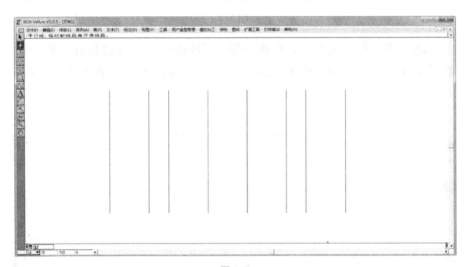

图 6-7

⑤ 单击连接线段工具，连接直线的端点，连接到最后一个端点时，双击鼠标的左键，如图 6-8 所示。

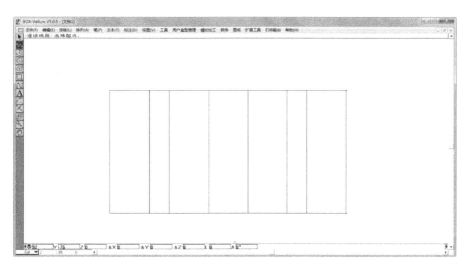

图 6-8

⑥ 单击平行线工具 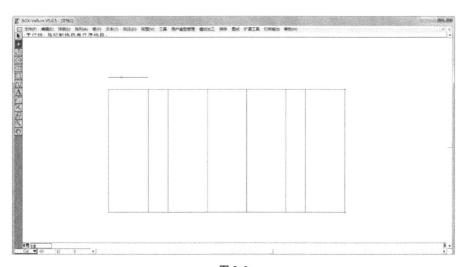，单击板 1 最上端的直线，随意拉出一条直线，在数值输入栏的参数 d 中，分别输入 14、16，如图 6-9 ～图 6-10 所示。

图 6-9

⑦ 单击连接线段工具，连接直线的端点，连接到最后一个端点时，双击鼠标的左键，如图 6-11 ～图 6-12 所示。

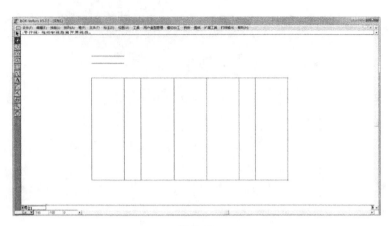

图 6-10

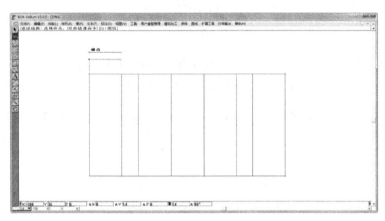

图 6-11

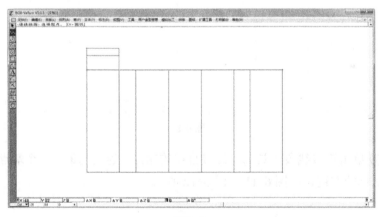

图 6-12

⑧ 单击圆弧连接 /2 点间工具 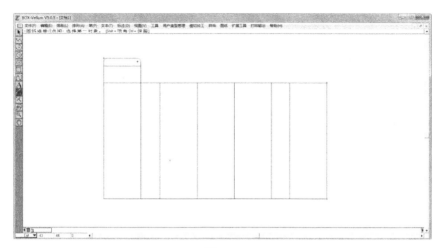，在数值输入栏的参数 R 中输入 3，
单击需要作圆弧的两个边，如图 6-13 所示。

图 6-13

⑨ 单击选择工具 ，按住 Shift 键，选择需要镜像的盖板 1。单击镜
像工具 ，分别单击对称轴的起点和终点，按住 Ctrl 键，完成镜像复制，
如图 6-14 ～图 6-17 所示。

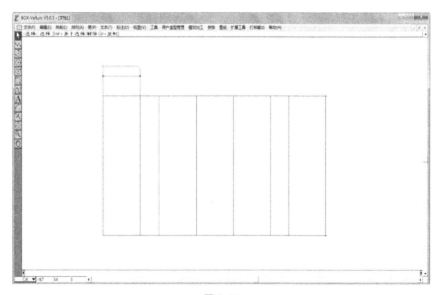

图 6-14

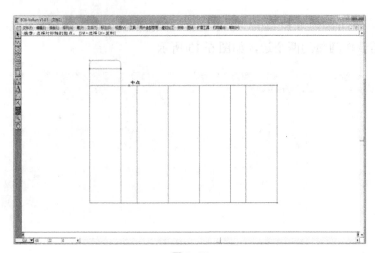

图 6-15

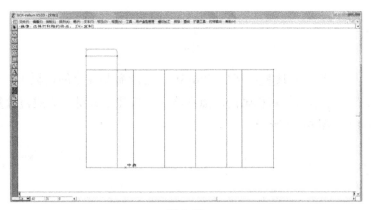

图 6-16

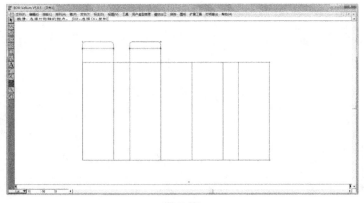

图 6-17

⑩ 重复步骤 ⑨，完成盖板的镜像复制，如图 6-18 ～图 6-20 所示。

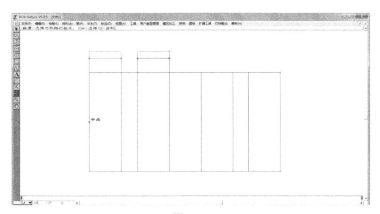

图 6-18

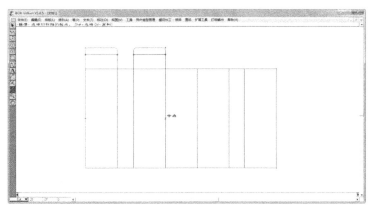

图 6-19

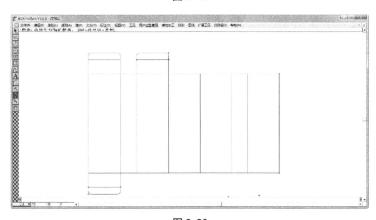

图 6-20

⑪ 按住 Shift，单击选择工具，选择需要移动复制的盖板。单击移动工具，选择拖动基准点以及移动点，完成移动复制，如图 6-21～图 6-24 所示。

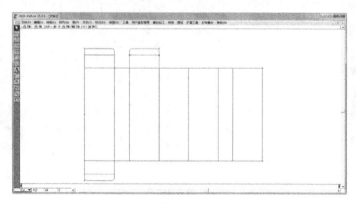

图 6-21

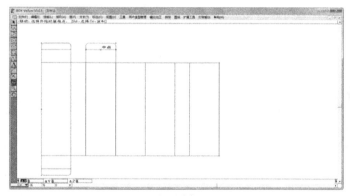

图 6-22

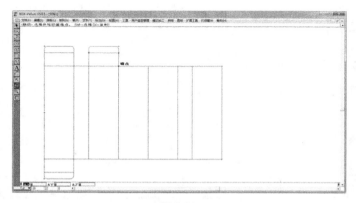

图 6-23

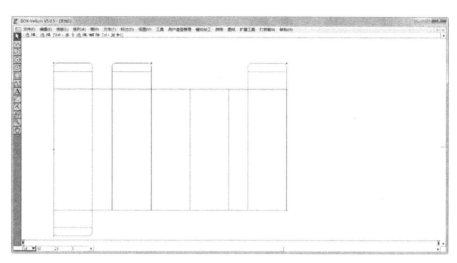

图 6-24

⑫ 重复步骤 ⑨，完成盖板的镜像复制，如图 6-25 所示。

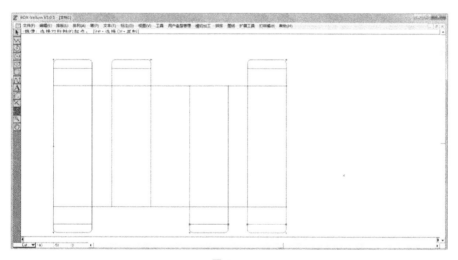

图 6-25

⑬ 单击平行线工具 ，单击板 2 最上端的直线，随意拉出一条直线，在数值输入栏的参数 d 中输入 14，如图 6-26 ～图 6-27 所示。

⑭ 重复步骤 ⑬，完成防尘襟片的绘制，如图 6-28 所示。

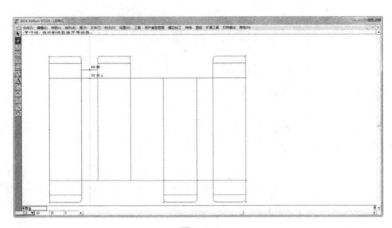

图 6-26

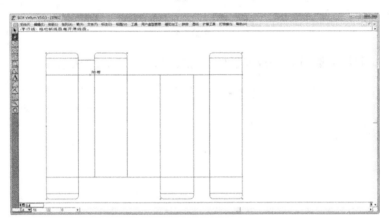

图 6-27

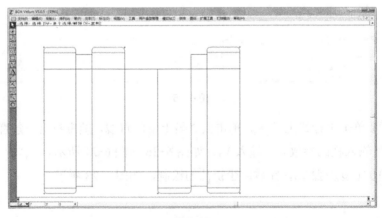

图 6-28

⑮ 单击平行线工具 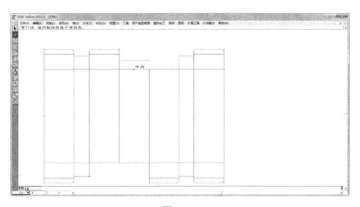，随意拉出一条直线，在数值输入栏的参数 d 中输入 14。单击连续线段工具，连接直线的端点，如图 6-29～图 6-31 所示。

图 6-29

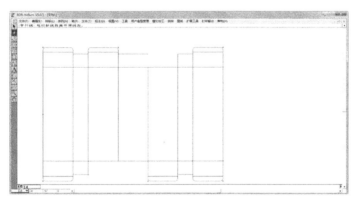

图 6-30

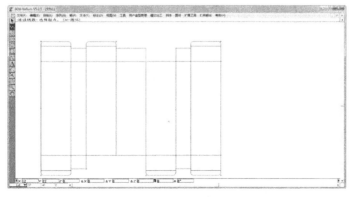

图 6-31

⑯ 单击菜单栏工具＞新建命令，打开"新建命令"对话框，在命令部分，下拉找到辅助绘图功能设置，按 〉〉，使此功能显示于菜单，并保存，关闭此对话框，如图 6-32 ～图 6-35 所示。

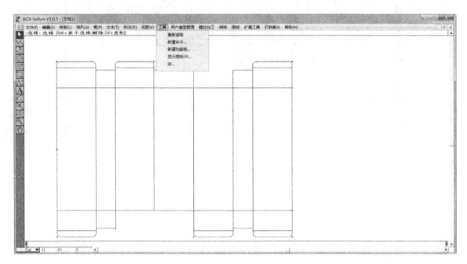

图 6-32

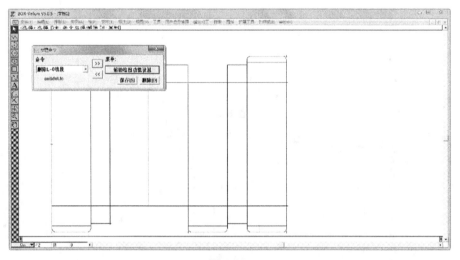

图 6-33

⑰ 单击菜单栏工具＞辅助绘图功能设置，打开"辅助绘图功能设置"对话框，单击需要捕捉的点，如图 6-36 ～图 6-37 所示。

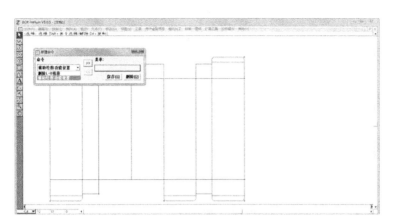

图 6-34

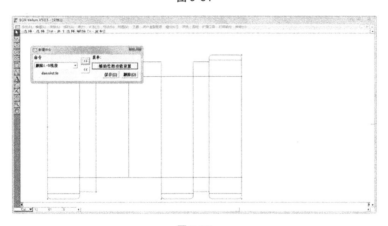

图 6-35

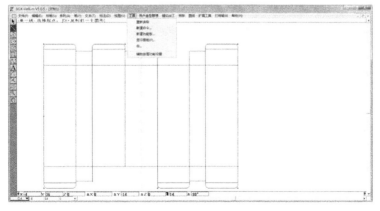

图 6-36

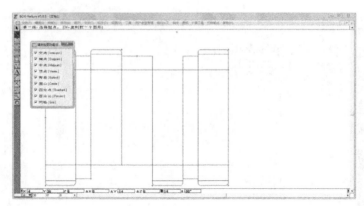

图 6-37

⑱ 单击直线工具 \，捕捉其直线的中点，连接其中点，如图 6-38 ～图 6-40 所示。

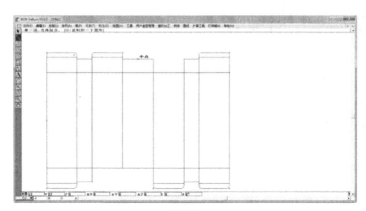

图 6-38

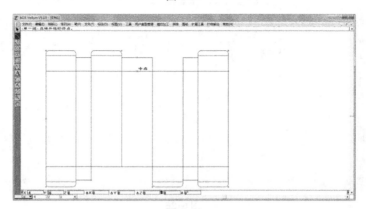

图 6-39

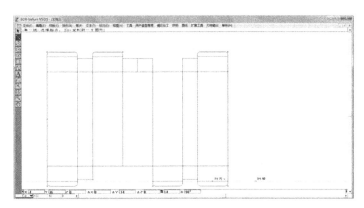

图 6-40

⑲ 单击平行线工具 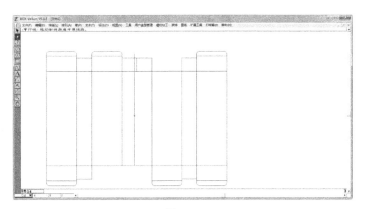，选择板 4 最左端的直线，随意拉出一条直线，在数值输入栏的参数 d 中输入 14 和 18，按 Enter 键，如图 6-41～图 6-42 所示。

图 6-41

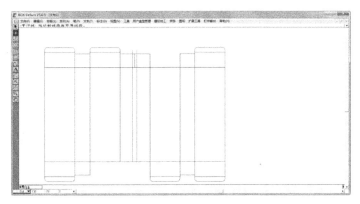

图 6-42

⑳ 单击平行线工具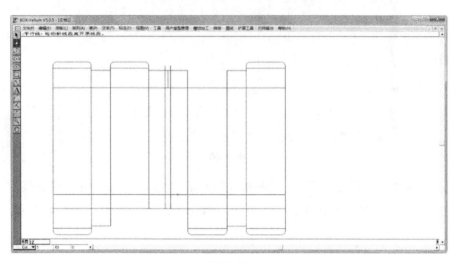，选择板 4 上下两端的直线，随意拉出一条直线，在数值输入栏的参数 d 中输入 18，按 Enter 键，如图 6-43 ～图 6-44 所示。

图 6-43

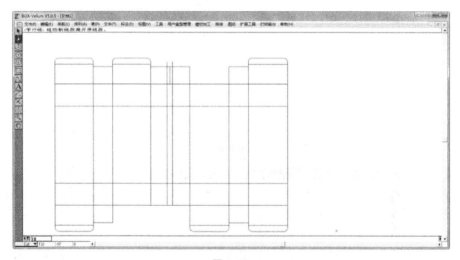

图 6-44

㉑ 按住 Shift 键，单击选择工具，选取裁剪的边界线。单击裁剪工具，单击需要裁掉的部分，如图 6-45 ～图 6-46 所示。

㉒ 重复步骤㉑，裁剪掉其他部分，如图 6-47 ～图 6-48 所示。

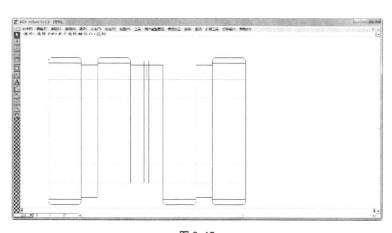

图 6-45

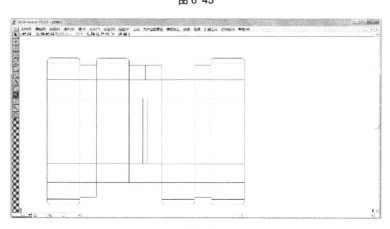

图 6-46

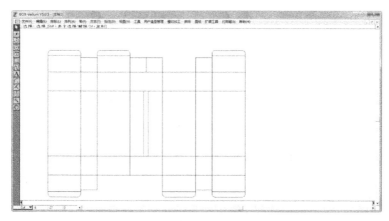

图 6-47

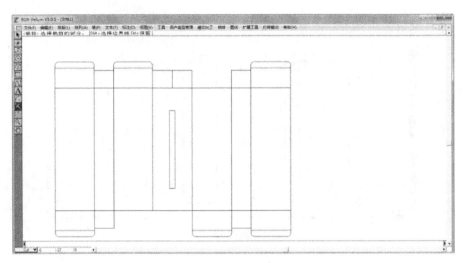

图 6-48

㉓ 单击平行线工具 ，选择板 7 左右两端的直线，随意拉出一条直线，在数值输入栏的参数 d 中输入 37，按 Enter 键，如图 6-49 ～图 6-50 所示。

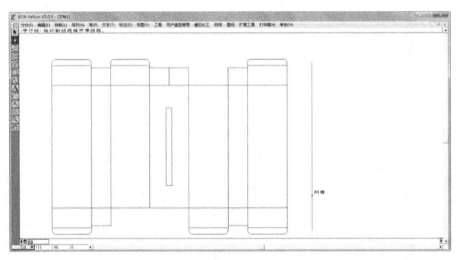

图 6-49

㉔ 单击菜单栏排版 > 辅助线，打开"辅助线"对话框，在选项参数角度、等距线中分别输入 15 和 18，在 X* 和 Y* 处，用鼠标单击板 7 的右下的端点，如图 6-51 ～图 6-52 所示。

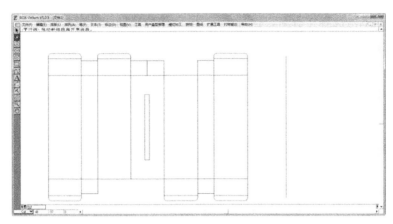

图 6-50

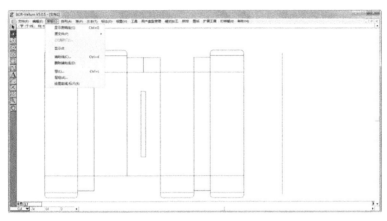

图 6-51

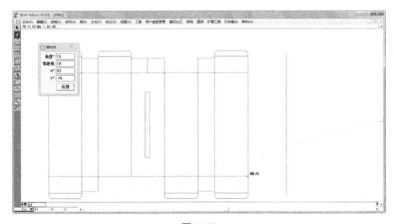

图 6-52

㉕ 单击选择工具 ▶，选择步骤 ㉔ 所作的辅助线。单击镜像工具 ▨，按住 Ctrl 键，单击对称轴相应的点，完成镜像复制，如图 6-53～图 6-55 所示。

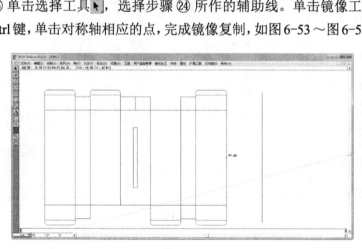

图 6-53

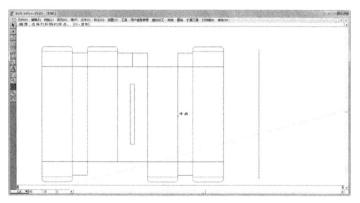

图 6-54

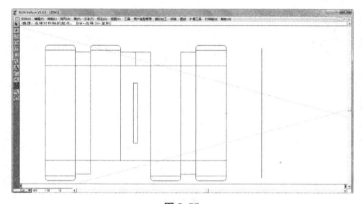

图 6-55

㉖ 单击直线工具，连接辅助线与直线的交点，如图 6-56 所示。

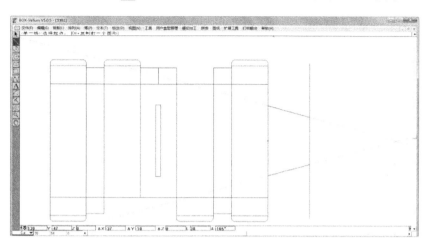

图 6-56

㉗单击平行线工具，随意拉出一条直线，在数值输入栏的参数 d 中分别输入 8 和 16 ，如图 6-57 ～图 6-58 所示。

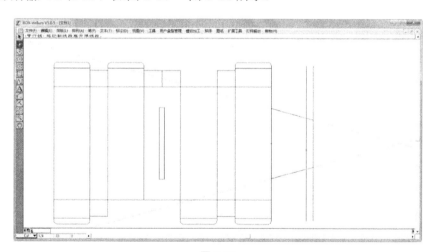

图 6-57

㉘单击菜单栏排版 > 辅助线，打开"辅助线"对话框，在选项参数角度和等距线中分别输入 0 和 33，在 X* 和 Y* 处，单击板 7 右下的端点，如图 6-59 ～图 6-60 所示。

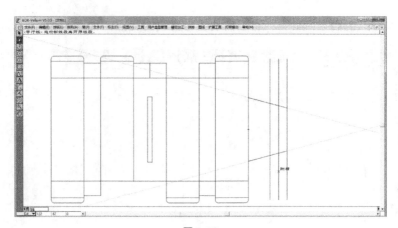

图 6-58

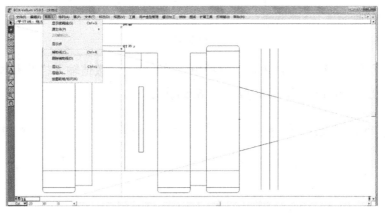

图 6-59

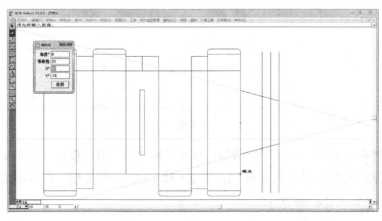

图 6-60

㉙在辅助线对话框中，于选项参数角度和等距线中分别输入 0 和 –33，在 X* 和 Y* 处，单击板 7 右上的端点，如图 6-61 所示。

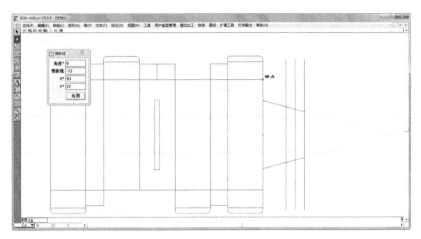

图 6-61

㉚单击直线工具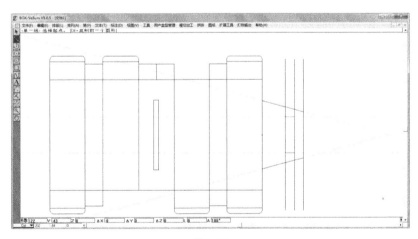，连接辅助线与直线的交点，如图 6-62 所示。

图 6-62

㉛单击圆弧连接 /2 点间工具，在数值输入栏参数 R 中，分别输入 3 和 5，作出相应的圆弧，如图 6-63 所示。

㉜按住 Shift 键，单击选择工具，选中步骤㉓ ～㉛所画的提手部分。单击镜像工具，按住 Ctrl 键，单击对称轴的两个端点，完成镜像复制，如图 6-64 ～图 6-67 所示。

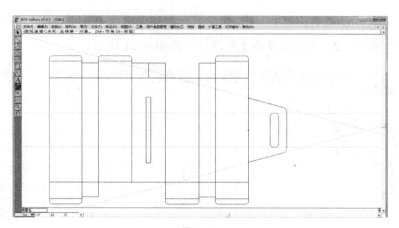

图 6-63

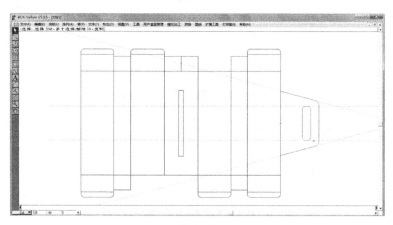

图 6-64

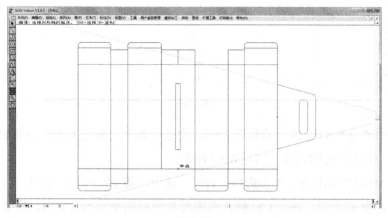

图 6-65

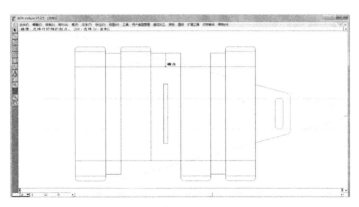

图 6-66

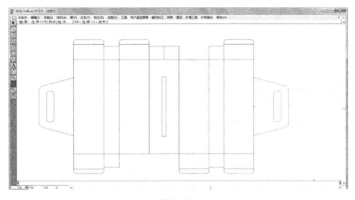

图 6-67

㉝单击平行线工具，拉取板 4 最下端的直线，在数值输入栏中输入 14，作出平行并距下端直线 14mm 的直线，如图 6-68 ～图 6-69 所示。

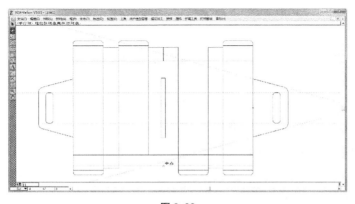

图 6-68

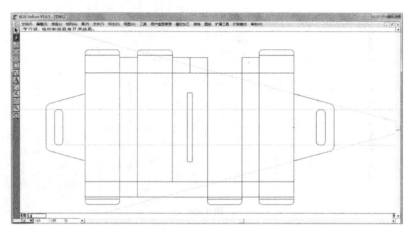

图 6-69

㉞单击直线工具，作出垂直于下端直线的直线，如图 6-70 所示。

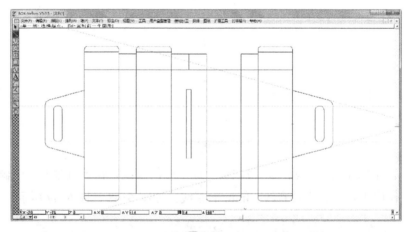

图 6-70

㉟单击直线工具，单击直线的中点，并连接，如图 6-71 ～图 6-72 所示。

㊱单击选择工具，选择裁剪的边界线。单击裁剪工具，单击需要裁掉的部分，如图 6-73 ～图 6-74 所示。

㊲按 Ctrl+A 键，使图形处于全选状态。单击菜单栏扩展工具 > 删除双重线和长度为零的线，及线段的单纯化，删除图中的点及重线，如图 6-75 ～图 6-76 所示。

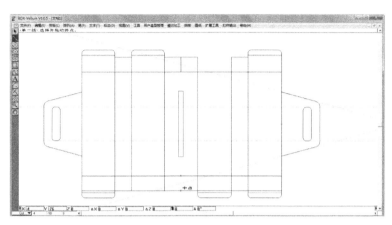

图 6-71

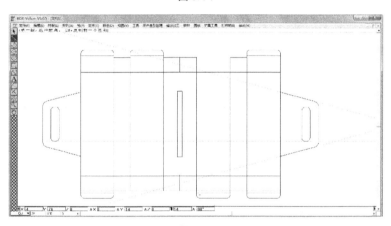

图 6-72

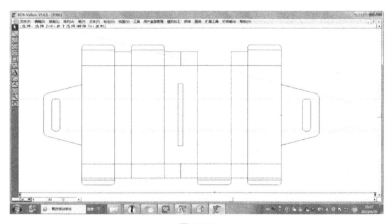

图 6-73

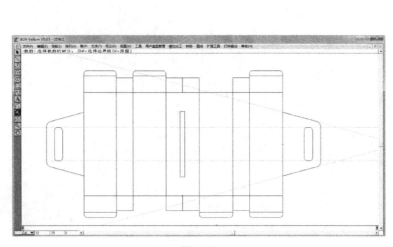

图 6-74

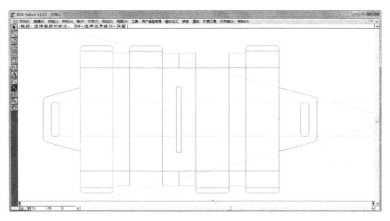

图 6-75

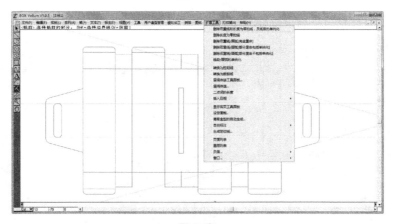

图 6-76

㊳单击菜单栏笔 > 模式 >Dashed，使折叠线变为虚线，如图 6-77 ～图 6-78 所示。

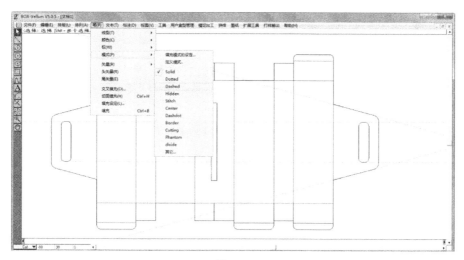

图 6-77

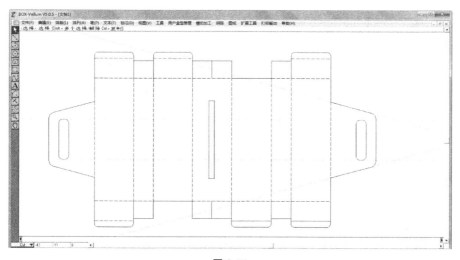

图 6-78

㊴单击菜单栏标注 > 显示标注，打开标注工具箱，选择不同的工具对其进行标注，如图 6-79 ～图 6-81 所示。

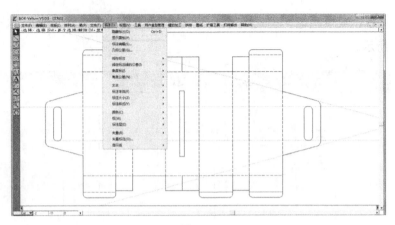

图 6-79

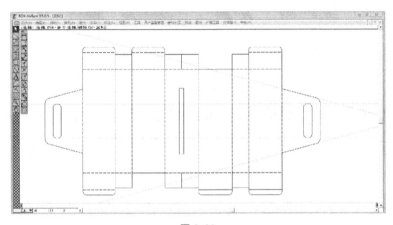

图 6-80

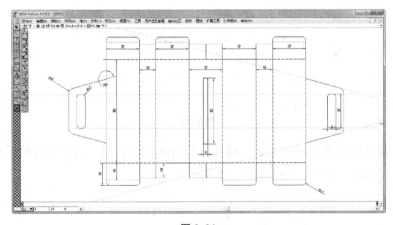

图 6-81

㊵按 Ctrl+A，对图形进行全选。单击菜单栏标注 > 标注编辑，打开"标注标准"对话框，对其中的选项进行修改，如图 6-82 ～图 6-84 所示。

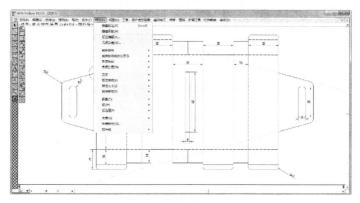

图 6-82

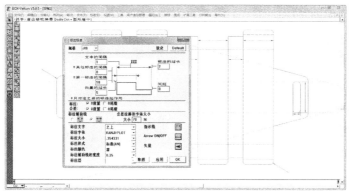

图 6-83

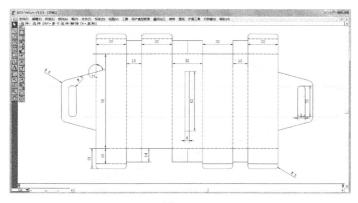

图 6-84

|第七章|
六角盘式纸盒结构图的绘制

7.1 训练技能

- 直线工具
- 线型的修改
- 圆的内接多边形工具
- 平行线工具
- 辅助线工具
- 选取工具
- 缩小工具
- 镜像工具
- 移动工具
- 旋转工具
- 标注
- 图形编辑

7.2 训练内容

按图 7-1 所示的结构尺寸，画出下图的结构图。

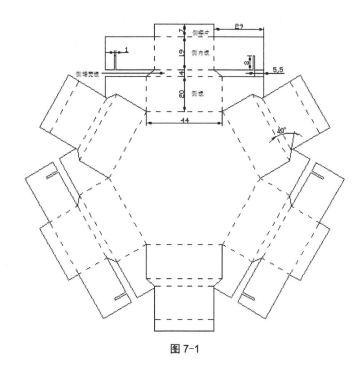

图 7-1

7.3　制作步骤

①打开软件，单击菜单栏排版＞源文件＞单位，打开"单位"对话框，选择作图时的单位，然后单击 OK 按钮，如图 7-2～图 7-3 所示。

图 7-2

图 7-3

② 单击圆的内接多边形工具 ，在绘图区随意单击一点作为多边形的中心，然后在数值输入栏的参数 d 及斜边中分别输入 88 和 6，按 Enter 键，作出一个边长为 44mm 的六边形，如图 7-4 ～图 7-5 所示。

图 7-4

图 7-5

③ 单击平行线工具 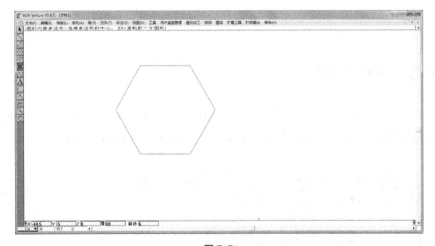，选择正六边形最上端的直线，向上随意拉出一条直线，然后在数值输入栏的参数 d 中分别输入 20mm、24mm，作出距离其为 20mm、24mm 的平行线，如图 7-6 ～图 7-7 所示。

④ 单击直线工具 ，连接平行线的端点，如图 7-8 所示。

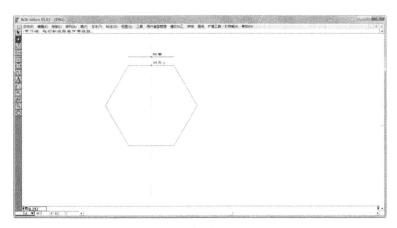

图 7-6

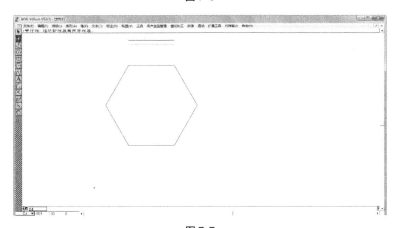

图 7-7

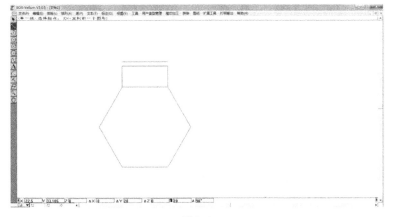

图 7-8

⑤ 单击菜单栏排版 > 辅助线，打开"辅助线"对话框，在选项参数角度及等距线中分别输入 40 和 0。将鼠标放置在 X* 处，单击辅助线通过的点，按 Enter 键，如图 7-9～图 7-10 所示。

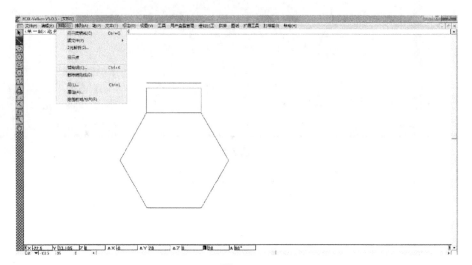

图 7-9

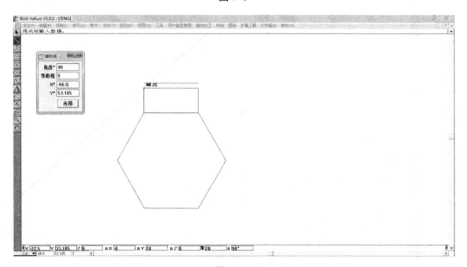

图 7-10

⑥ 重复步骤⑤，在侧板最上端的直线的另外一个端点，作出同样的辅助线，如图 7-11 所示。

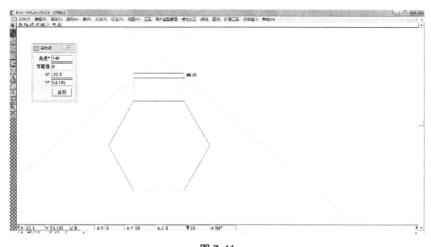

图 7-11

⑦ 单击直线工具✎，连接辅助线与直线的交点，如图 7-12 所示。

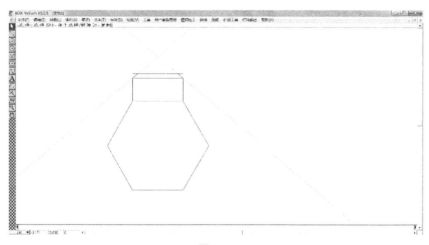

图 7-12

⑧ 单击选择工具▶，按 Shift 键，选择步骤 ⑦ 所作的直线，作为裁剪的边界。单击裁剪工具✂，单击需要裁剪掉的部分，如图 7-13～图 7-14 所示。

⑨ 单击平行线工具◈，选择侧墙宽板的最上端直线，随意拉出一条直线，在数值输入栏参数 d 的选项中，分别输入 19mm、26mm，如图 7-15～图 7-16 所示。

169

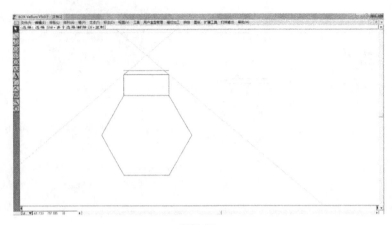

图 7-13

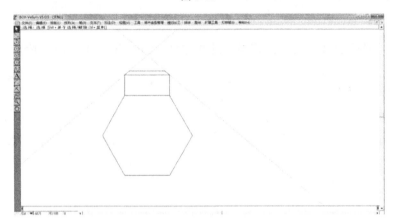

图 7-14

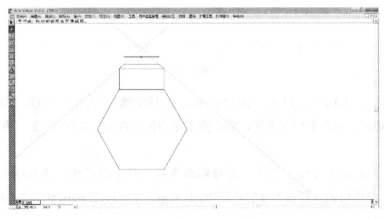

图 7-15

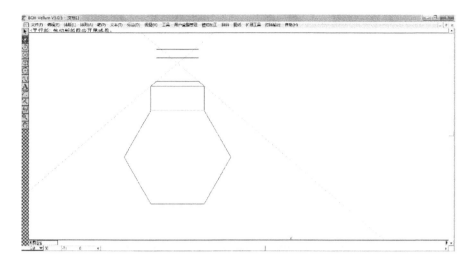

图 7-16

⑩ 单击直线工具 ，连接平行线的交点，如图 7-17 所示。

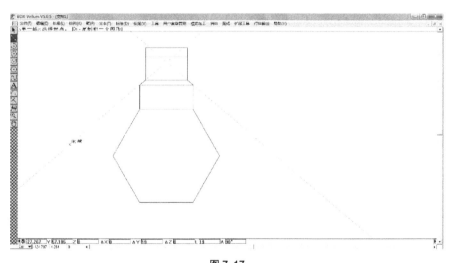

图 7-17

⑪ 单击缩小工具 ，将所画的图形缩小，并单击抓手工具，将图形放置于合适的位置，如图 7-18 ～图 7-19 所示。

⑫ 单击选择工具 ，按住 Shift 键，选取需要镜像的图形。单击镜像工具 ，按住 Ctrl 键，单击对称轴的两个端点，完成镜像复制，如图 7-20 ～图 7-23 所示。

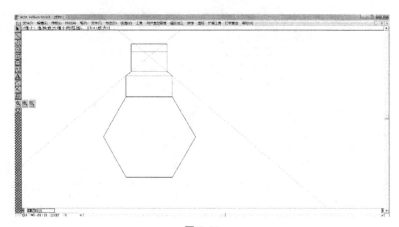

图 7-18

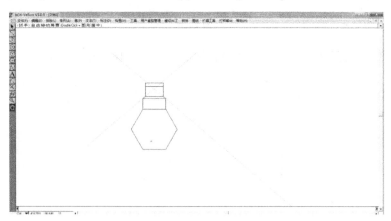

图 7-19

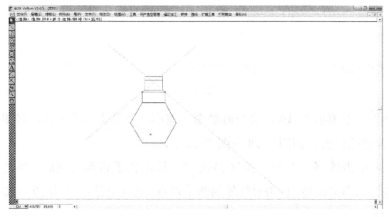

图 7-20

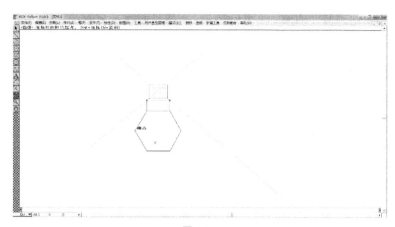

图 7-21

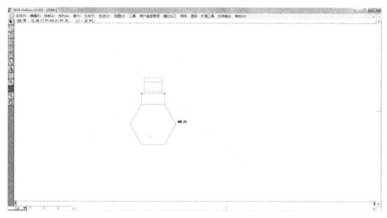

图 7-22

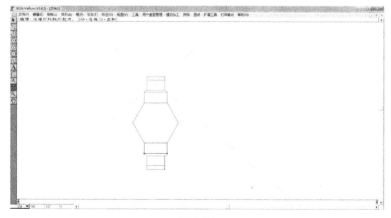

图 7-23

⑬单击选择工具 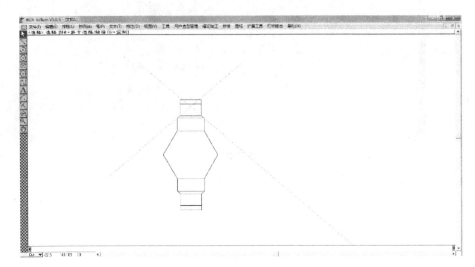（此处为小图标），按住 Shift 键，选择需要移动复制的图形，如图 7-24 所示。单击移动工具 ，按住 Ctrl 键，单击基准点，单击移动点，完成移动复制，如图 7-24～图 7-27 所示。

图 7-24

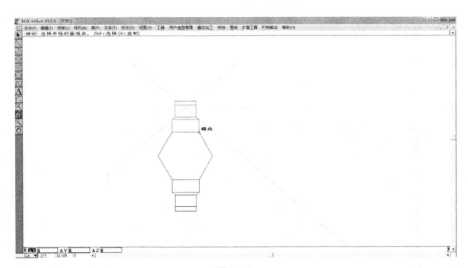

图 7-25

⑭单击旋转工具 ，单击旋转中心点，再单击拖动基准点，完成旋转，如图 7-28～图 7-31 所示。

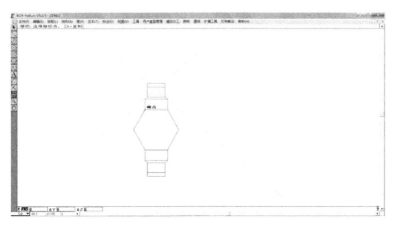

图 7-26

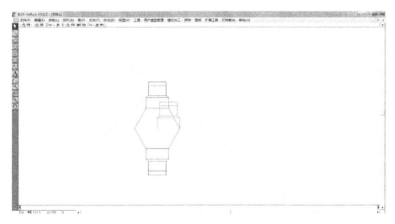

图 7-27

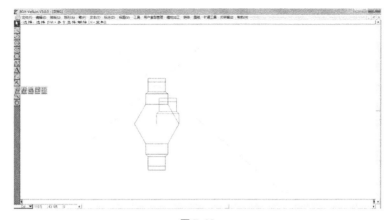

图 7-28

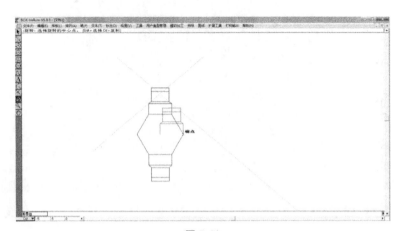

图 7-29

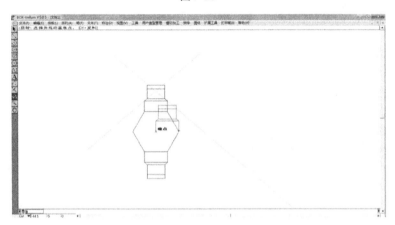

图 7-30

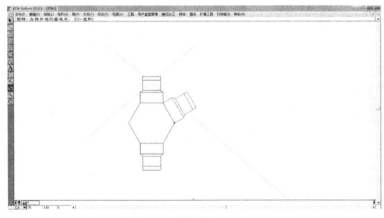

图 7-31

⑮ 单击镜像工具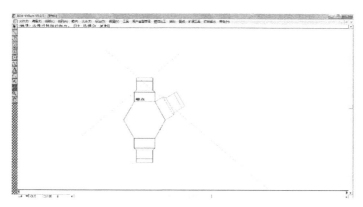，同时按住 Ctrl 键，单击对称轴的两个端点，完成镜像复制，如图 7-32 ～图 7-34 所示。

图 7-32

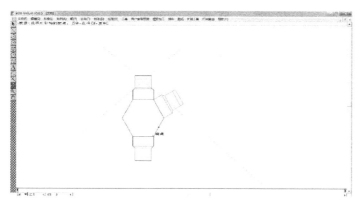

图 7-33

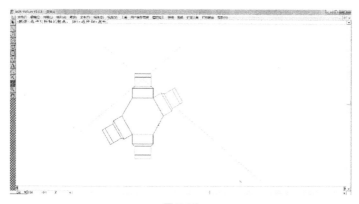

图 7-34

⑯ 重复步骤⑮，完成镜像复制，如图7-35～图7-37所示。

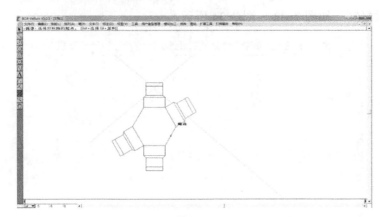

图 7-35

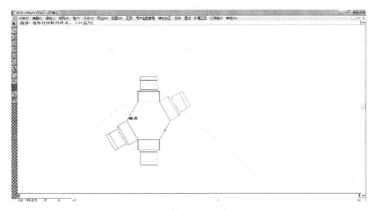

图 7-36

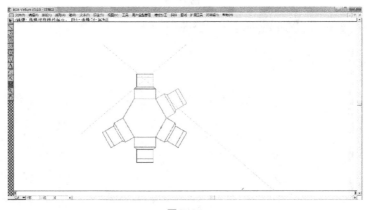

图 7-37

⑰ 重复步骤⑮，完成镜像复制，如图 7-38 ～图 7-40 所示。

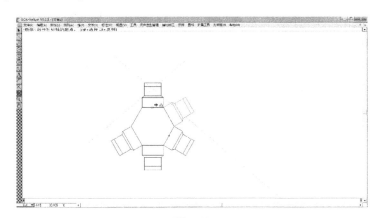

图 7-38

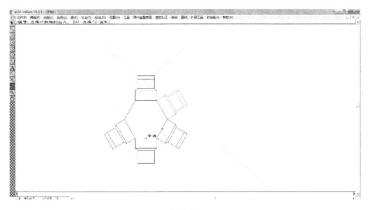

图 7-39

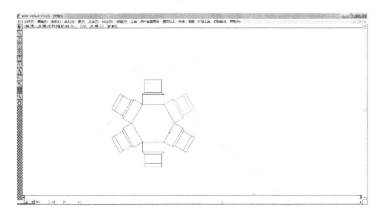

图 7-40

⑱ 单击菜单栏排版＞辅助线，打开"辅助线"对话框。在辅助线对话框中，选项角度输入 90；在等距线选项中，分别输入 -22.5mm、27.267mm 及 -57.185mm；在选项 X* 处，单击侧内板右下端的点，分别作出距离侧内板最右端的直线为 22.5mm、27.267mm 及 57.185mm 的辅助线，如图 7-41～图 7-44 所示。

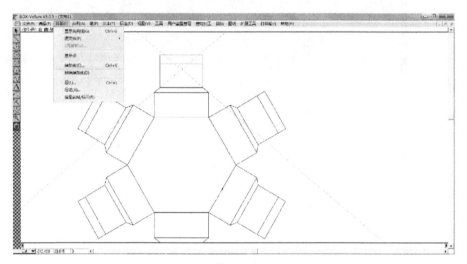

图 7-41

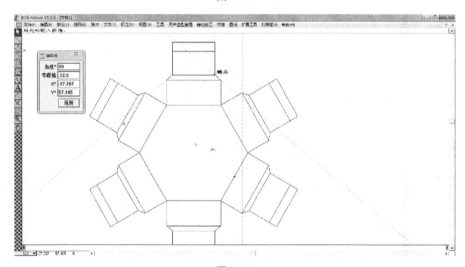

图 7-42

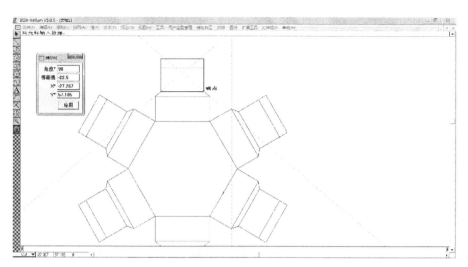

图 7-43

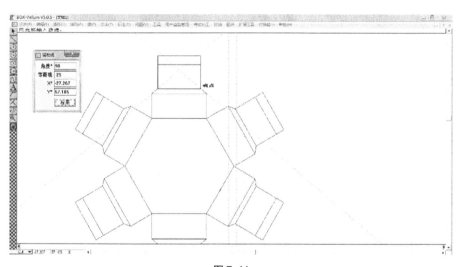

图 7-44

　　⑲ 在辅助线对话框中，选项角度输入 0；在等距线选项中，分别输入 0mm、8mm、19mm 及 -4mm；在选项 X* 处，单击侧内板右下端的点，分别作出距离侧内板最下端的直线为 0mm、8mm、19mm 及 -4mm 的辅助线，如图 7-45 ～图 7-48 所示。

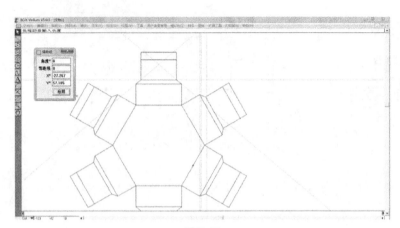

图 7-45

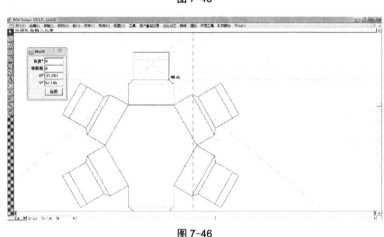

图 7-46

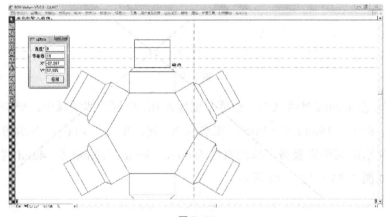

图 7-47

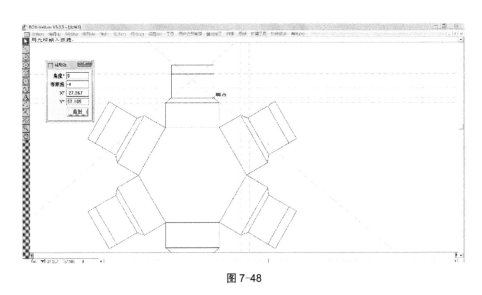

图 7-48

⑳ 单击直线工具，连接辅助线的交点，如图 7-49 所示。

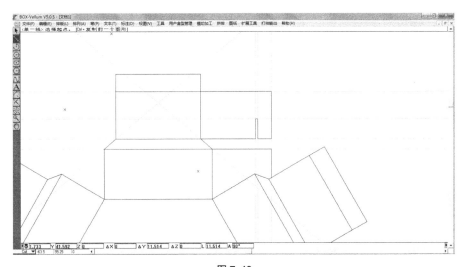

图 7-49

㉑ 单击选择工具，按住 Shift 键，选择需要镜像复制的图形，如图 7-50 所示。单击镜像工具，按住 Ctrl 键，单击对称轴的两个端点，完成镜像复制，如图 7-51 ～图 7-53 所示。

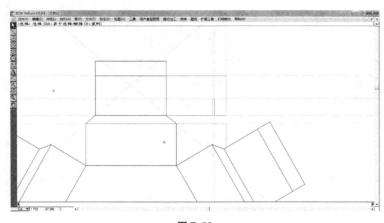

图 7-50

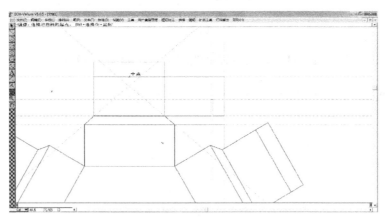

图 7-51

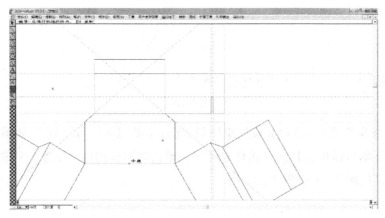

图 7-52

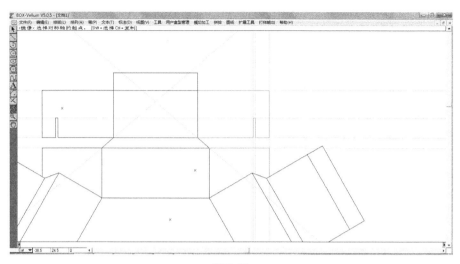

图 7-53

㉒单击选择工具 ▶，按住 Shift 键，选择需要镜像复制的图形，如图 7-54 所示。单击镜像工具 ⬢，按住 Ctrl 键，单击对称轴的两个端点，完成镜像复制，如图 7-55～图 7-57 所示。

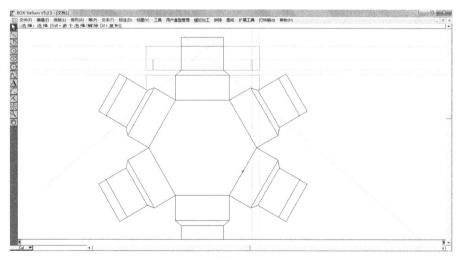

图 7-54

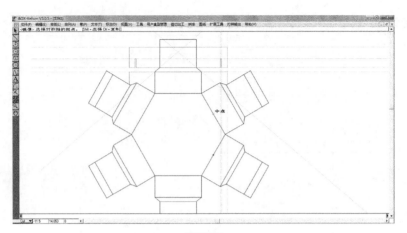

图 7-55

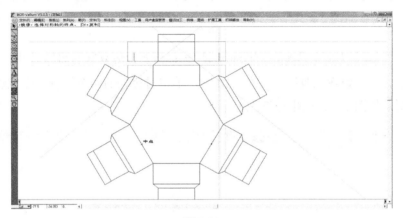

图 7-56

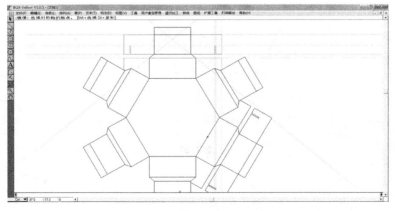

图 7-57

㉓ 重复步骤 ㉒，完成镜像复制，如图 7-58 ～图 7-60 所示。

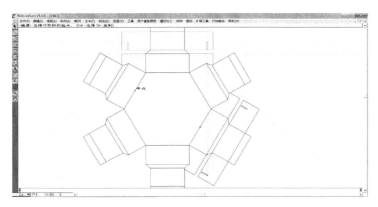

图 7-58

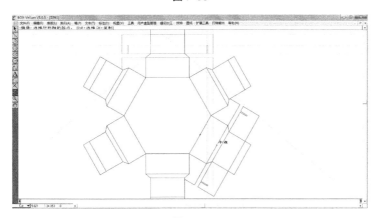

图 7-59

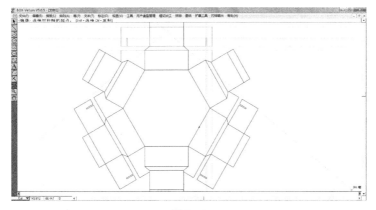

图 7-60

㉔ 单击菜单栏扩展工具 > 删除双重线和长度为零的线，及线段的单纯化，删除双重线和长度为零的线，如图 7-61 所示。

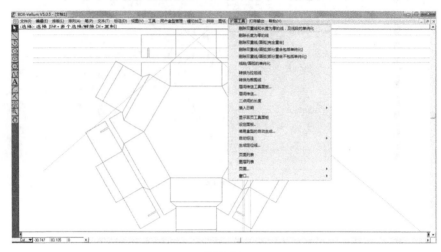

图 7-61

㉕ 单击菜单栏笔 > 线型 > 破折线，使所选线变为虚线，如图 7-62 ～图 7-63 所示。

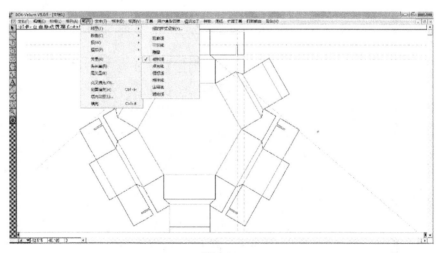

图 7-62

㉖ 单击菜单栏笔 > 线型 > 线的样式设定，打开"线的样式设定"对话框，对于线的样式、颜色、权和模式进行修改，如图 7-64 ～图 7-65 所示。

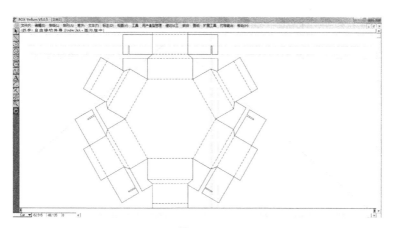

图 7-63

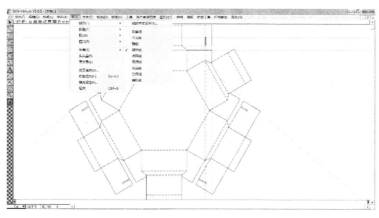

图 7-64

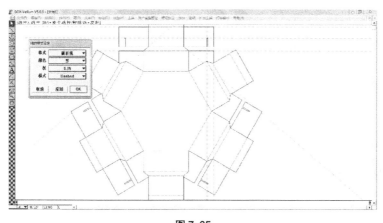

图 7-65

㉗单击菜单栏标注 > 显示面板，打开标注工具箱，选择不同的工具，对其进行标注，如图7-66～图7-67所示。

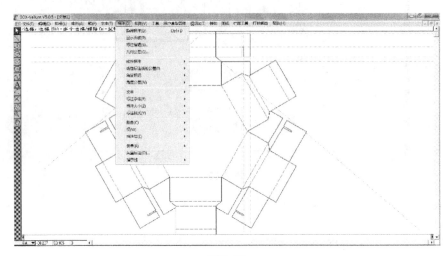

图 7-66

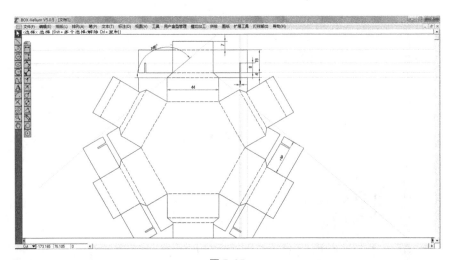

图 7-67

㉘单击菜单栏编辑 > 图形编辑，打开"图形编辑"对话框，对标注进行修改，如图7-68～图7-69所示。

㉙单击菜单栏排列 > 全显示，使图形在屏幕上全部显示出来，如图7-70所示。

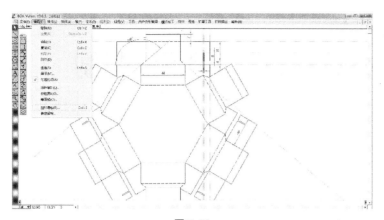

图 7-68

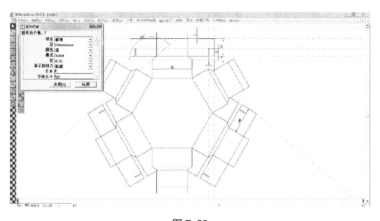

图 7-69

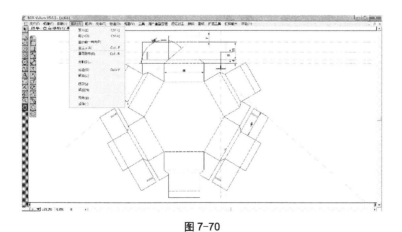

图 7-70

|第八章|
扇形花锁式纸盒结构图的绘制

8.1　训练技能

- 直线工具
- 线型的修改
- 圆 / 圆心，半径工具
- 辅助线
- 矢量样条曲线工具
- 追加样条曲线的控制点工具
- 选择工具
- 移动工具
- 旋转工具
- 辅助线
- 裁剪 / 保留工具
- 裁剪工具
- 平行线工具
- 镜像工具
- 删除图形的方法
- 标注

8.2 训练内容

按图 8-1 所示的结构尺寸，画出下图的结构图。

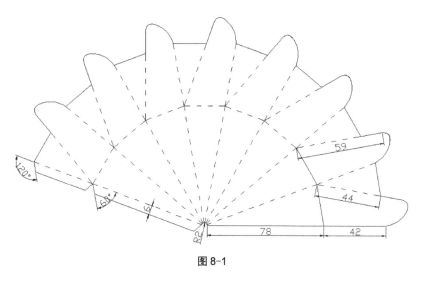

图 8-1

8.3 制作步骤

① 打开软件，单击菜单栏排版 > 源文件 > 单位，打开"单位"对话框，选择作图时的单位，然后单击 OK 按钮，如图 8-2～图 8-3 所示。

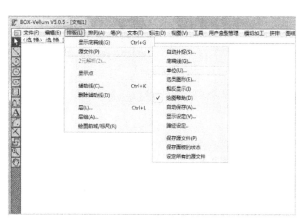

图 8-2

图 8-3

② 单击圆 / 圆心，半径工具，在绘图区随意单击作为圆的圆心，在数值输入栏参数 D 中，分别输入 4 和 156，作出半径分别为 2mm 和 80mm 的两个圆，如图 8-4 所示。

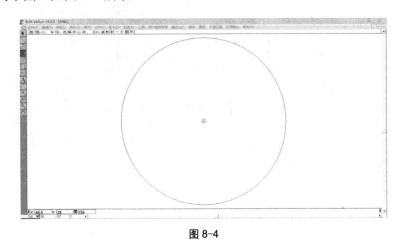

图 8-4

③ 单击菜单栏排版 > 辅助线，打开"辅助线"对话框。在辅助线对话框中，选项角度及等距线分别输入 0，在 X* 处，单击两个圆的圆心，如图 8-5 ～图 8-6 所示。

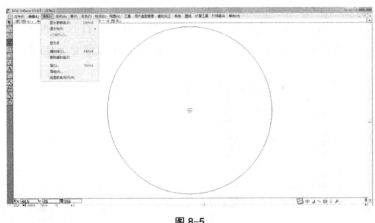

图 8-5

④ 在辅助线对话框中，角度输入 20、40、60、80、100、120、140、160，等距线为 0，在 X* 中，用鼠标单击两个圆的圆心，作出夹角为 20° 的辅助线，如图 8-7 ～图 8-14 所示。

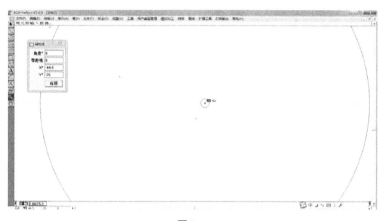

图 8-6

图 8-7

图 8-8

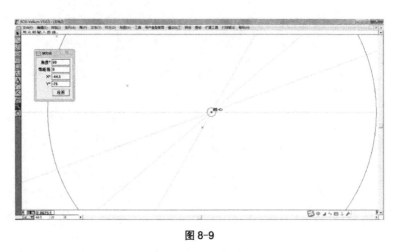

图 8-9

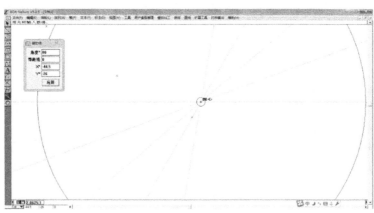

图 8-10

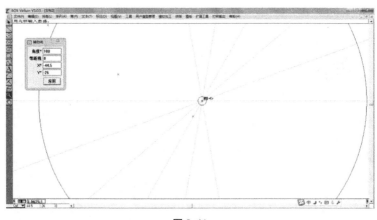

图 8-11

图 8-12

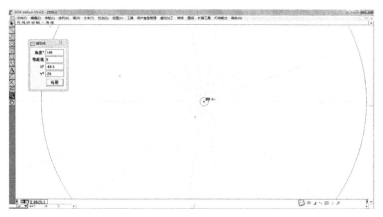

图 8-13

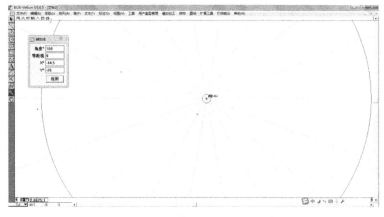

图 8-14

⑤ 单击直线工具✎，连接辅助线与圆的交点，如图 8-15 所示。

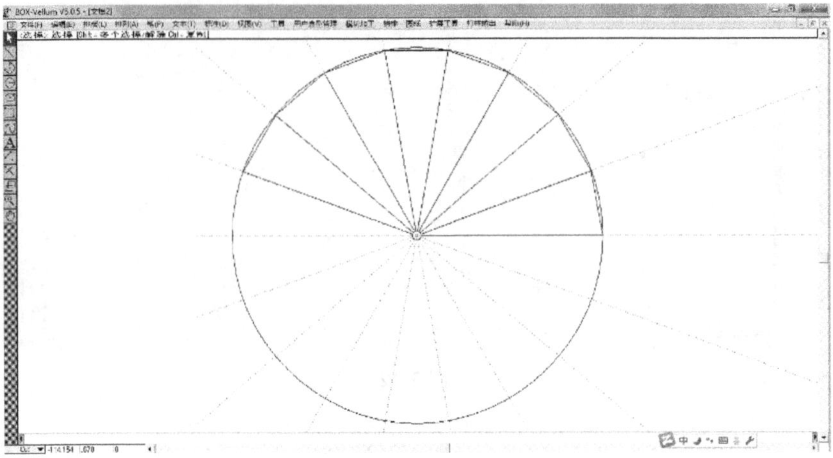

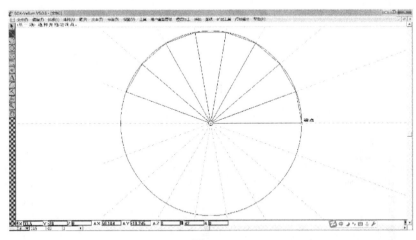

图 8-15

⑥ 单击直线工具✎，单击板 1 最右下端的点，在数值输入栏选项 L 和 A 中，分别输入 42 和 0，按 Enter 键，画出一条长为 42mm 夹角为 0° 的直线，如图 8-16 ～图 8-17 所示。

图 8-16

⑦ 单击菜单栏排版 > 辅助线，打开"辅助线"对话框。在辅助线对话框中，角度设置为 170°，等距线设置为 0mm，在 X* 处单击板 1 的右上端点，按 Enter 键，如图 8-18 ～图 8-19 所示。

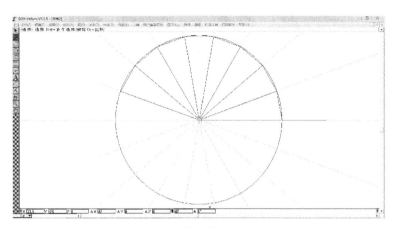

图 8-17

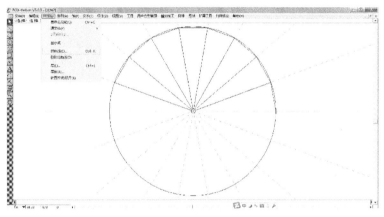

图 8-18

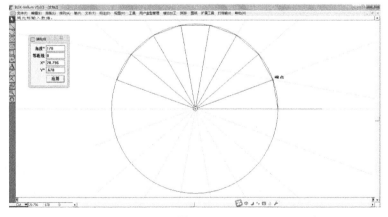

图 8-19

⑧ 单击直线工具，单击板1最右上端的点，在数值输入栏选项L和A中，分别输入59和-10，按Enter键，画出一条长为59mm、夹角为-10°的直线，如图8-20所示。

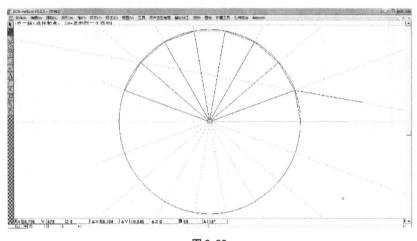

图 8-20

⑨ 单击矢量样条曲线工具，画出相应的曲线，如图8-21所示。

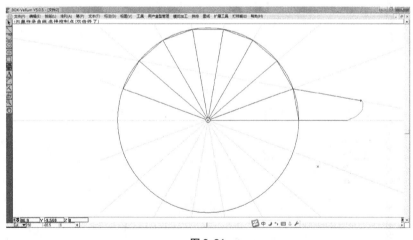

图 8-21

⑩ 单击菜单栏排版＞显示点，显示样条曲线中点。单击追加样条曲线的控制点，在相应的位置增加控制点。单击选择工具，拉住把柄，调整曲线，如图8-22～图8-24所示。

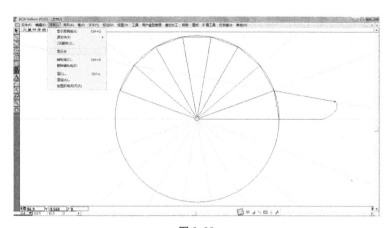

图 8-22

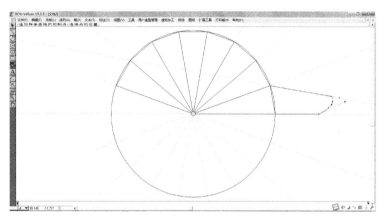

图 8-23

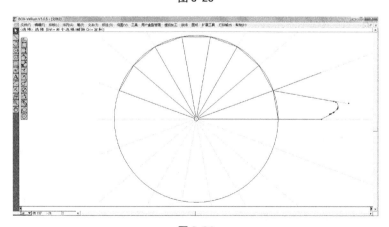

图 8-24

⑪ 单击选择工具 ，按住 Shift 键，选择需要移动的图形。单击移动工具 ，单击拖动基准点，然后按住 Ctrl 键，单击移动点，完成移动复制，如图 8-25 ～图 8-26 所示。

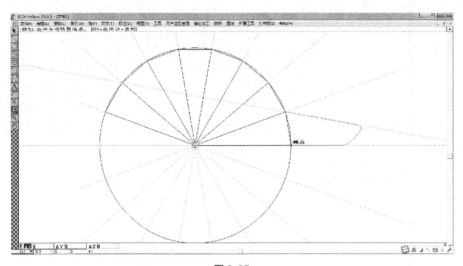

图 8-25

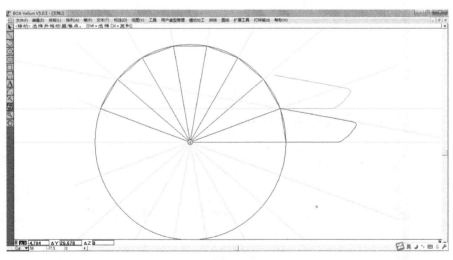

图 8-26

⑫ 单击旋转工具 ，单击旋转的中心点，然后单击拖动基准点，完成旋转，如图 8-27 ～图 8-29 所示。

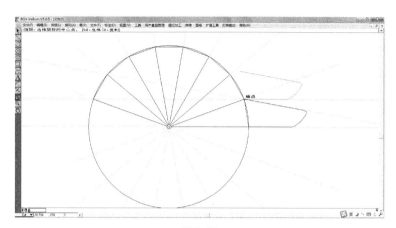

图 8-27

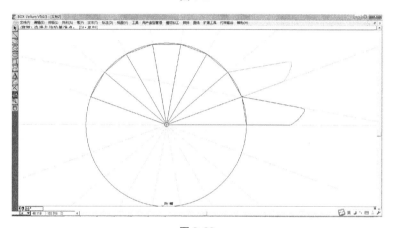

图 8-28

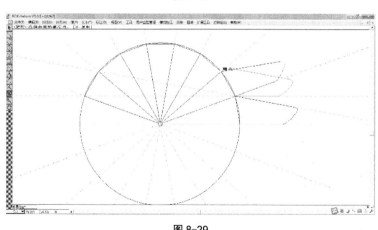

图 8-29

⑬ 单击菜单栏排版 > 辅助线，打开"辅助线"对话框。在辅助线对话框中，角度设置为 -81°，等距线设置为 0mm，在 X* 处单击即可，如图 8-30～图 8-31 所示。

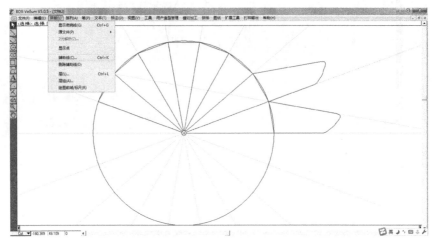

图 8-30

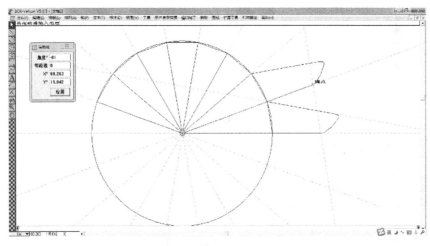

图 8-31

⑭ 单击直线工具 ，连接辅助线与其他直线的交点，如图 8-32 所示。

⑮ 按住 Shift 键，单击选择工具 ，选取需要移动复制的图形，如图 8-33 所示。单击移动工具 ，单击拖动基准点，按住 Ctrl 键，单击移动点，完成移动复制，如图 8-34～图 8-35 所示。

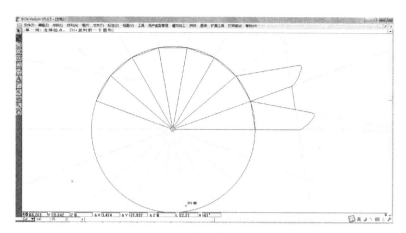

图 8-32

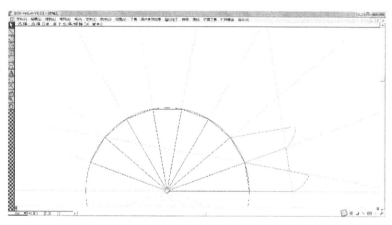

图 8-33

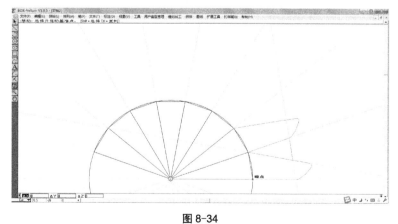

图 8-34

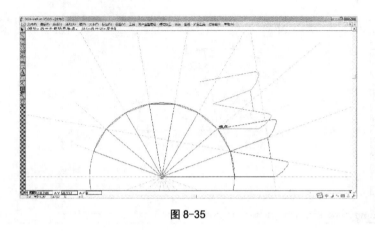

图 8-35

⑯ 单击旋转工具，选择旋转中心点，然后选择拖动基准点，如图 8-36 ～图 8-39 所示。

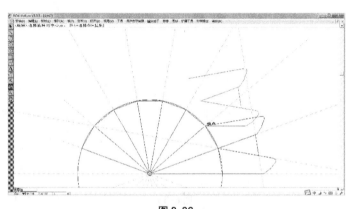

图 8-36

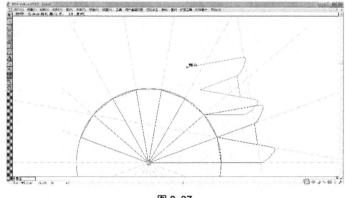

图 8-37

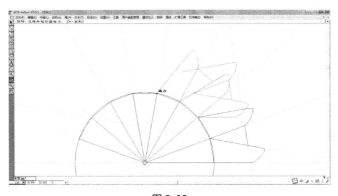

图 8-38

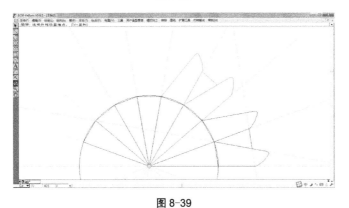

图 8-39

⑰ 单击菜单栏排版 > 辅助线，打开"辅助线"对话框。在辅助线对话框中，角度设置为 -60°，等距线设置为 0mm，X* 选择相应的点，如图 8-40 ～图 8-41 所示。

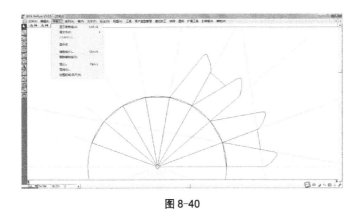

图 8-40

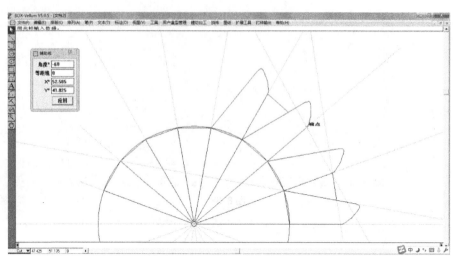

图 8-41

⑱ 单击直线工具 ，连接辅助线与直线的交点，如图 8-42 所示。

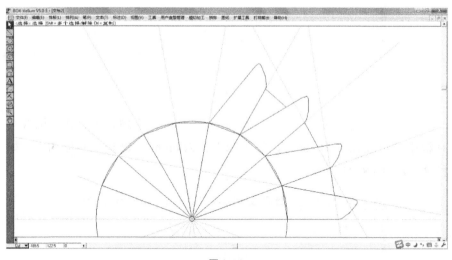

图 8-42

⑲ 按住 Shift 键，单击选择工具 ，选取需要移动复制的图形，如图 8-43 所示。单击移动工具 ，选择拖动基准点，然后按住 Ctrl 键，选择移动点，完成移动复制，如图 8-44 ～图 8-46 所示。

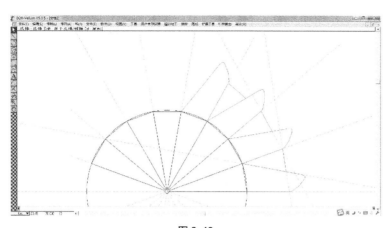

图 8-43

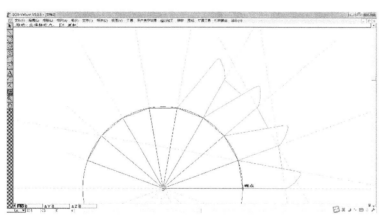

图 8-44

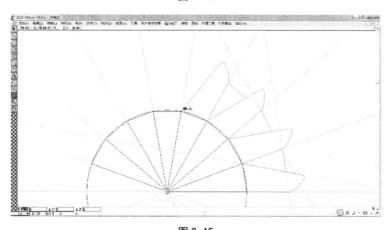

图 8-45

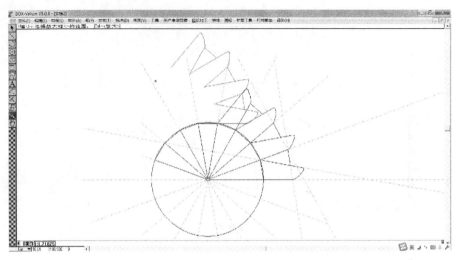

图 8-46

⑳ 单击旋转工具，选择旋转中心点，然后选择拖动基准点与相应的端点进行重合，如图 8-47 ～图 8-48 所示。

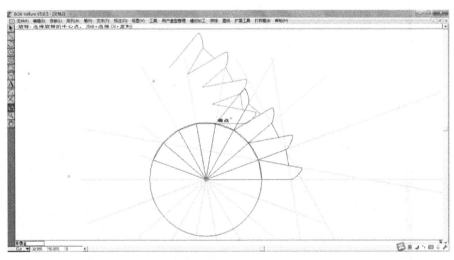

图 8-47

㉑ 单击菜单栏排版 > 辅助线，打开"辅助线"对话框。在辅助线对话框中，角度设置为 -21°，等距线设置为 0mm，在 X* 处选择相应的点，如图 8-49 ～图 8-50 所示。

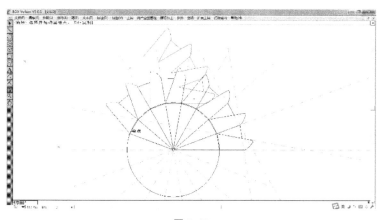

图 8-48

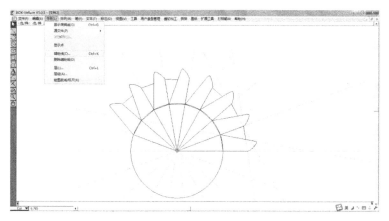

图 8-49

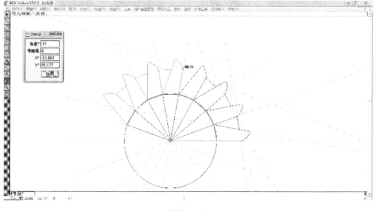

图 8-50

㉒ 单击直线工具 ＼，连接辅助线与直线的交点，如图 8-51 所示。

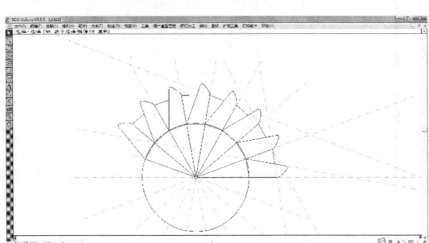

图 8-51

㉓ 按住 Shift 键，单击选择工具 ▶，选取需要移动复制的图形，如图 8-52 所示。单击移动工具 ☐，选择拖动基准点，然后按住 Ctrl 键，选择移动点，完成移动复制，如图 8-53 所示。

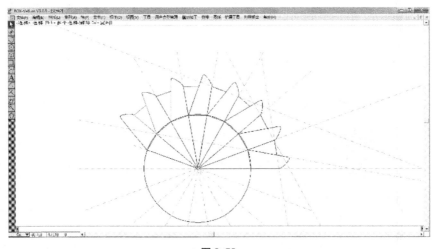

图 8-52

㉔ 单击旋转工具 ☐，选择旋转中心点，然后选择拖动基准点与相应的端点进行重合，如图 8-54 ～图 8-56 所示。

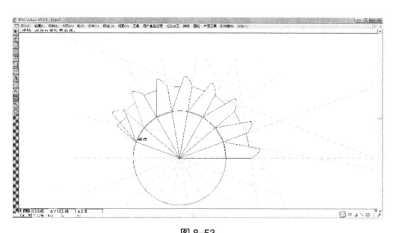

图 8-53

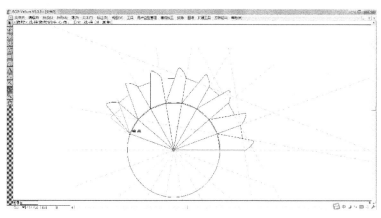

图 8-54

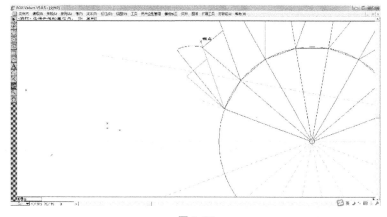

图 8-55

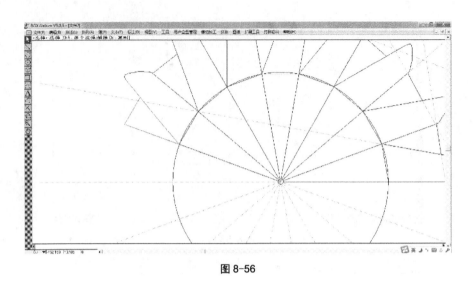

图 8-56

㉕ 单击菜单栏排版 > 辅助线，打开"辅助线"对话框。在辅助线对话框中，角度设置为 49°，等距线设置为 0mm，在 X* 处选择相应的点，如图 8-57 ～图 8-58 所示。

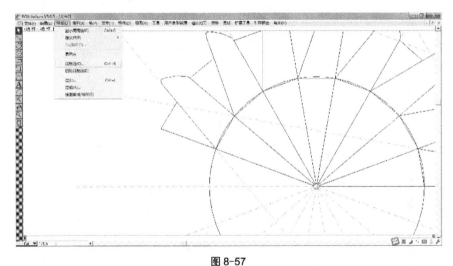

图 8-57

㉖ 单击直线工具，沿步骤 ㉕ 所画的辅助线画出一条直线，如图 8-59 所示。

㉗ 单击裁剪 / 保留工具，选择步骤 ㉖ 所作的直线作为边界线，选择另外一条直线，使其相交，如图 8-60 所示。

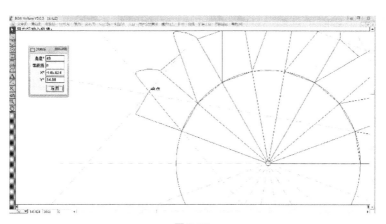

图 8-58

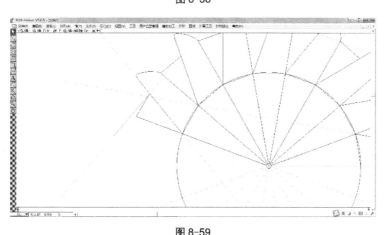

图 8-59

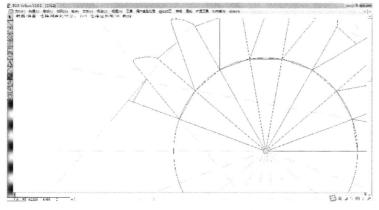

图 8-60

㉘单击裁剪工具 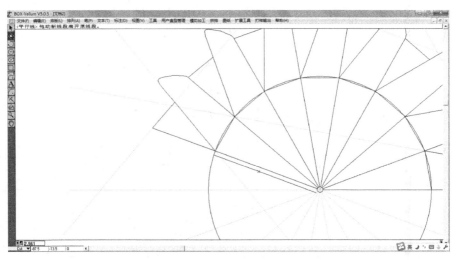，对图形进行裁剪，如图 8-61 所示。

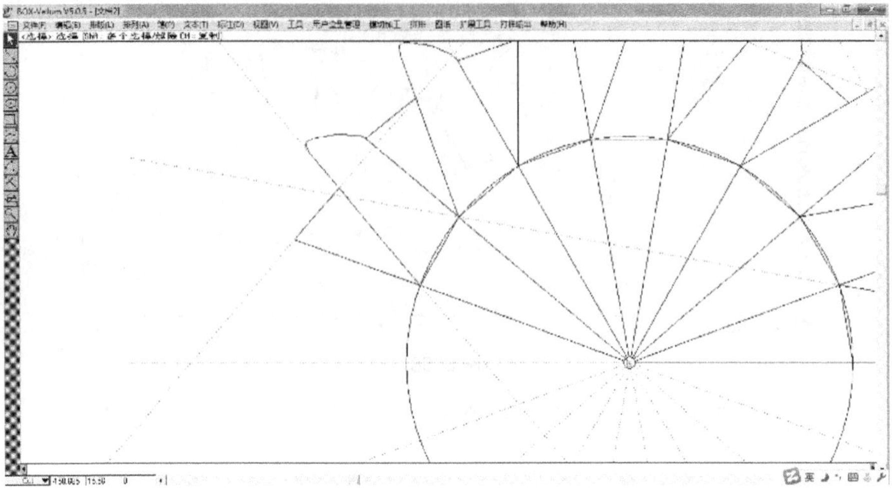

图 8-61

㉙单击平行线工具 ，选择板 8 的直线，将数值输入栏中的选项 d 设置为 6mm，如图 8-62 ～图 8-63 所示。

图 8-62

㉚单击直线工具 ，选择图 8-64 中的端点作为直线的起点，将数值输入栏中的选项 L 设置为 10mm、A 为 -80°，如图 8-65 所示。

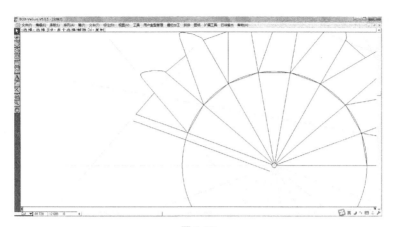

图 8-63

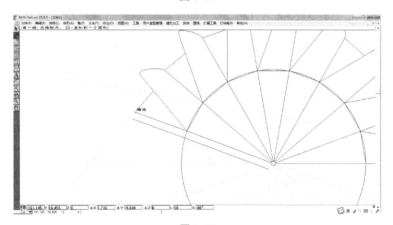

图 8-64

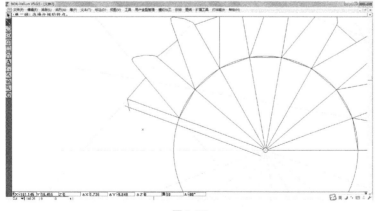

图 8-65

㉛单击选择工具 ，选择步骤㉚所画的直线。单击镜像工具 ，选择对称轴的两个端点，按住 Ctrl 键，完成镜像复制，如图 8-66～图 8-69所示。

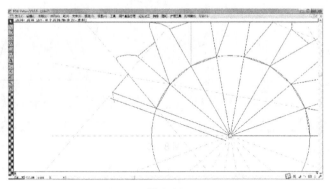

图 8-66

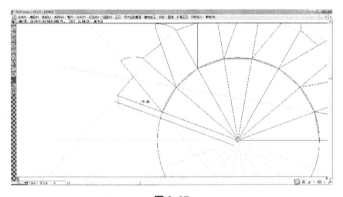

图 8-67

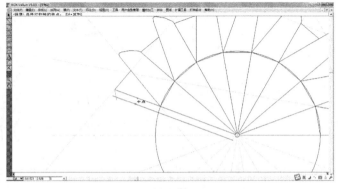

图 8-68

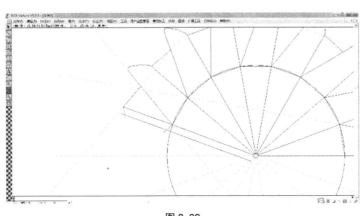

图 8-69

㉜重复步骤㉛，如图 8-70～图 8-73 所示。

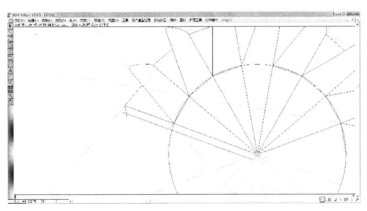

图 8-70

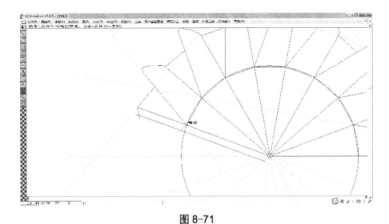

图 8-71

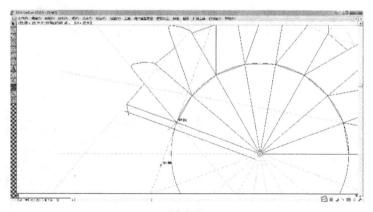

图 8-72

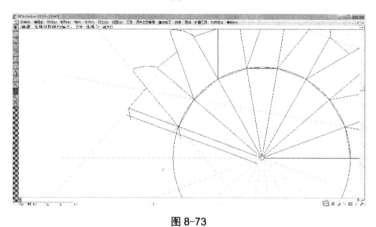

图 8-73

㉝重复步骤㉛，如图 8-74～图 8-77 所示。

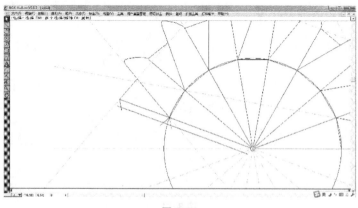

图 8-74

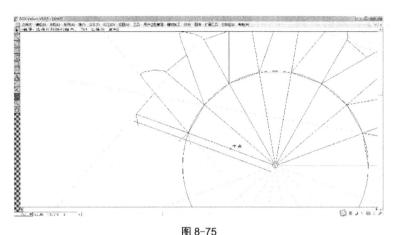

图 8-75

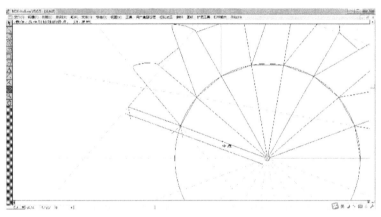

图 8-76

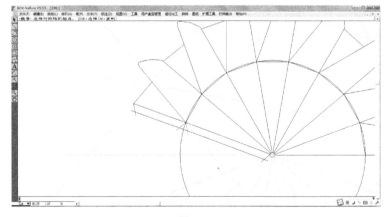

图 8-77

㉞单击裁剪工具 ✂，对其进行修剪，如图 8-78 ～图 8-80 所示。

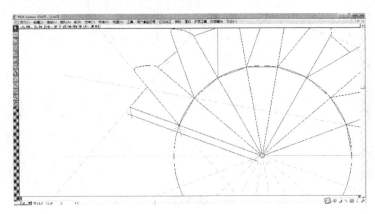

图 8-78

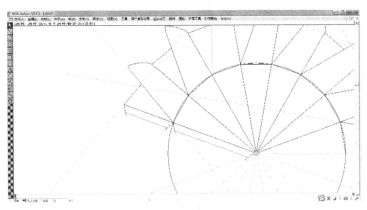

图 8-79

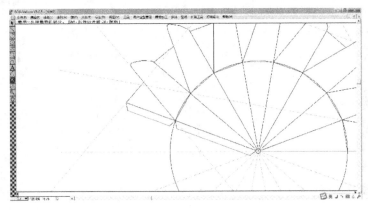

图 8-80

㉟单击选择工具 ![] ，选择需要删除的图形，单击 Delete 键，如图 8-81
所示。

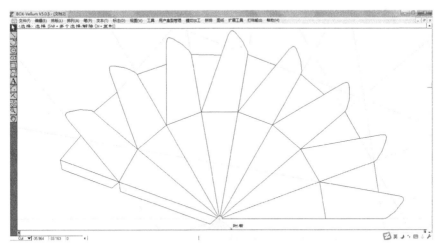

图 8-81

㊱单击菜单栏扩展工具 > 删除双重线和长度为零的线，及线段的单纯
化，将双重线和长度为零的线进行删除，如图 8-82 所示。

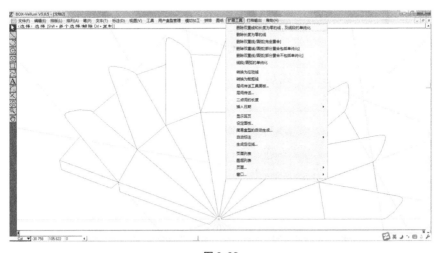

图 8-82

㊲单击选择工具 ![] ，按住 Shift 键，选取需要转变线型的线段。单击
菜单栏笔 > 线型 > 破折线，如图 8-83 ～图 8-84 所示。

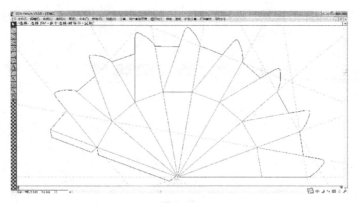

图 8-83

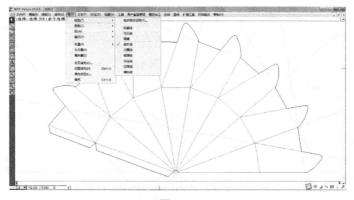

图 8-84

㊳单击菜单栏笔＞线型＞线的样式设定，对线型进行设定，如图 8-85～图 8-87 所示。

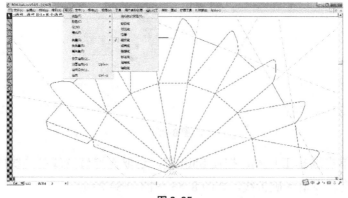

图 8-85

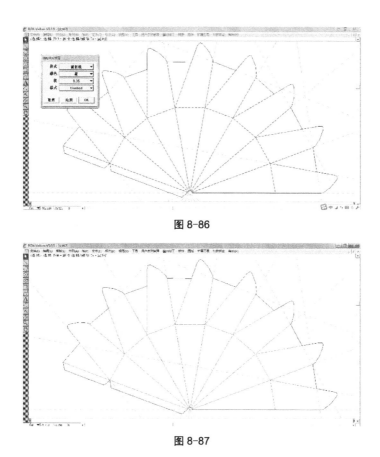

图 8-86

图 8-87

㊴单击菜单栏标注＞显示面板，选择相应的工具，对其进行标注，如图 8-88～图 8-89 所示。

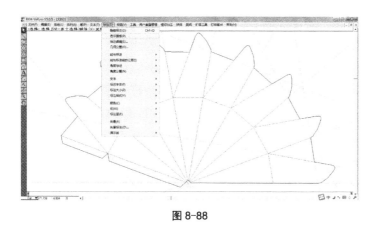

图 8-88

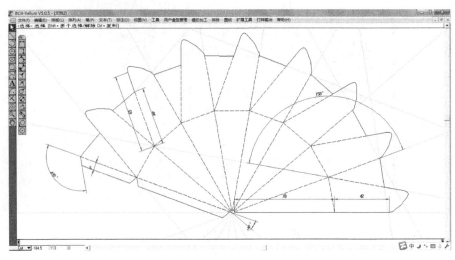

图 8-89

⑩选择所有的标注，单击菜单栏编辑＞图形编辑，打开"图形编辑"对话框，对其特性进行修改，如图 8-90 ～图 8-92 所示。

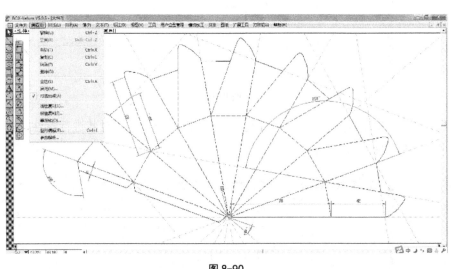

图 8-90

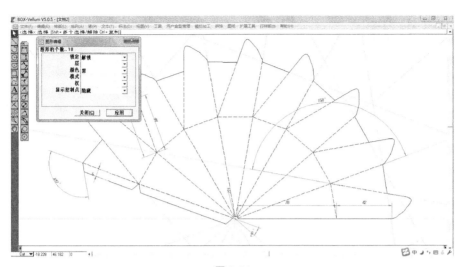

图 8-91

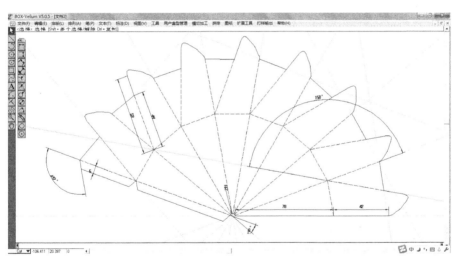

图 8-92

|第九章|
标注

9.1 训练技能

- 图层的转变
- 标注
- 斜线的标注
- 角度的标注
- 标注的编辑

9.2 训练内容

对需要标注的结构图进行自动标注。

9.3 制作步骤

① 单击菜单栏文件 > 打开，打开文件。单击选择工具▶，按 Shift 键，选中结构的折叠线，如图 9-1 ～图 9-2 所示。

② 单击菜单栏编辑 > 图形编辑，打开"图形编辑"对话框。将折叠线放入折叠层，如图 9-3 ～图 9-5 所示。

图 9-1

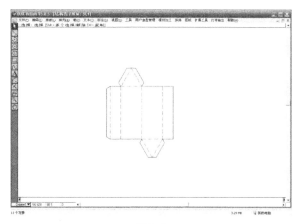

图 9-2

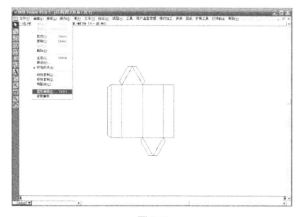

图 9-3

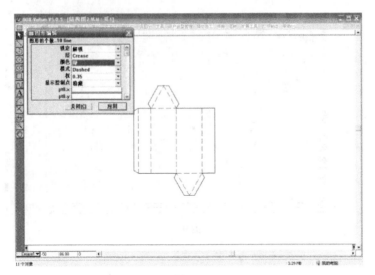

图 9-4

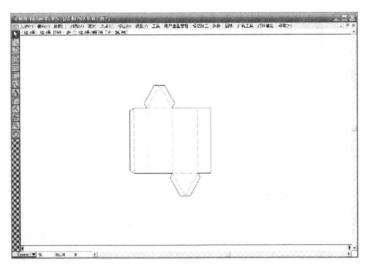

图 9-5

③ 选择选取工具 ，从左上到右上拖动鼠标，将图形选中。然后单击菜单栏扩展工具 > 自动标注 > 全部，将图形的水平和垂直方向上的尺寸进行标注，如图 9-6 ～图 9-8 所示。

④ 单击菜单栏标注 > 显示面板，打开标注工具面板。然后单击斜线标注工具 ，单击斜线段的两个端点进行标注，如图 9-9 ～图 9-13 所示。

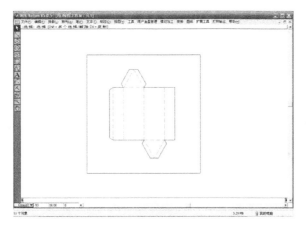

图 9-6

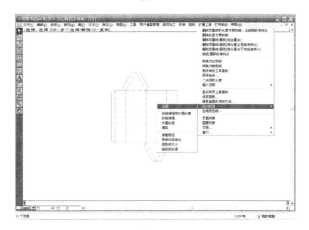

图 9-7

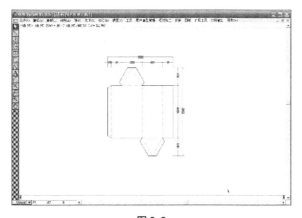

图 9-8

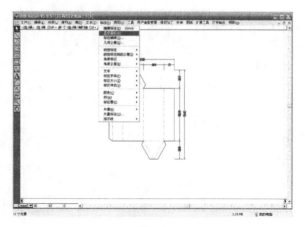

图 9-9

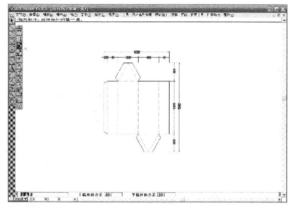

图 9-10

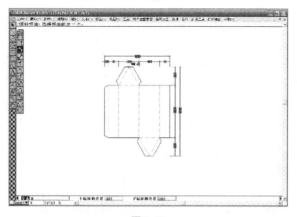

图 9-11

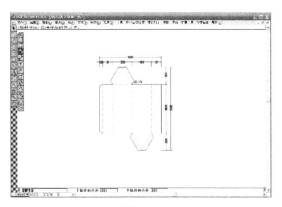

图 9-12

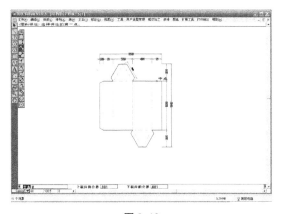

图 9-13

⑤ 单击菜单栏标注 > 标注大小，选择合适的字体大小，如图 9-14 ～图 9-15 所示。

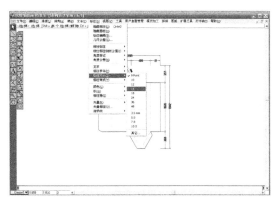

图 9-14

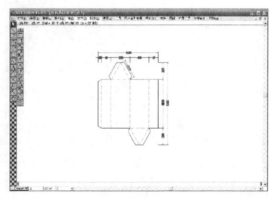

图 9-15

⑥ 单击标注角度标注工具 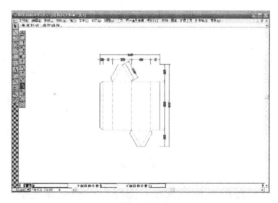，然后单击角的两个边，即可对角进行标注，如图 9-16 ～图 9-19 所示。

图 9-16

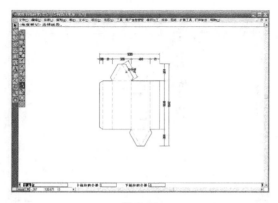

图 9-17

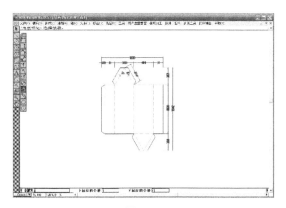

图 9-18

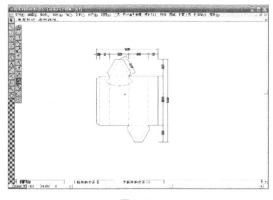

图 9-19

⑦ 单击菜单栏标注＞矢量标注，打开"矢量编辑"对话框，即可对箭头进行编辑，如图 9-20～图 9-22 所示。

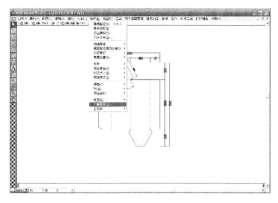

图 9-20

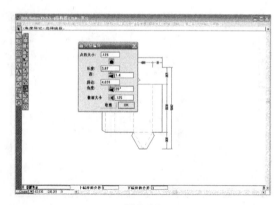

图 9-21

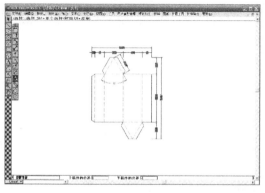

图 9-22

⑧ 将图形及标注全选，单击菜单栏标注＞标注编辑，打开"标注标准"对话框。可对标注标准、字体大小等进行设定，如图 9-23 ～图 9-26 所示。

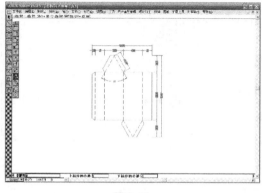

图 9-23

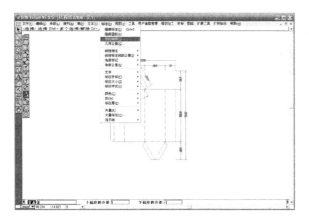

图 9-24

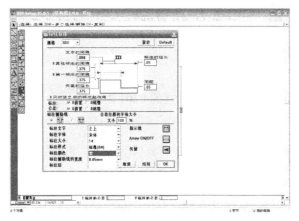

图 9-25

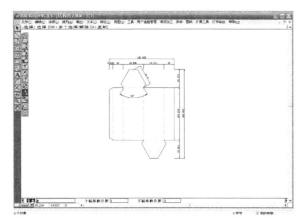

图 9-26

|第十章|
盒型库的调用

10.1　训练技能

- 如何使用盒型库

10.2　训练内容

从盒型库中调出具有一定尺寸的 0201 型盒型。

10.3　制作步骤

① 打开软件，单击菜单栏文件 > 打开盒型库，打开"盒型库打开与插入"对话框，如图 10-1 ～图 10-2 所示。

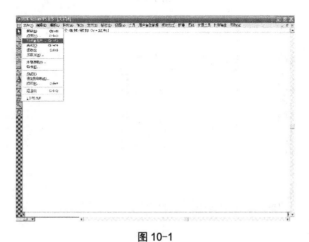

图 10-1

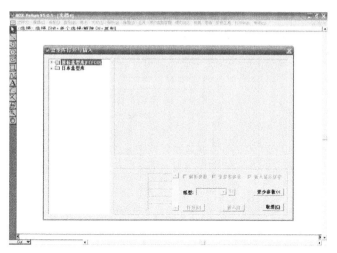

图 10-2

②单击所需要的盒型，根据需要进行选项的选择。然后单击插入按钮，即可在页面上插入所需纸盒，如图 10-3 所示。

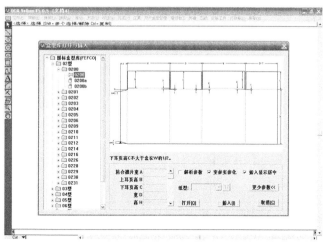

图 10-3

10.4　知识点

不同的选项对应着不同的盒型，其不同的对应关系，如下表所示。

不同选项与盒型的对应表

选项	示意图
无选项	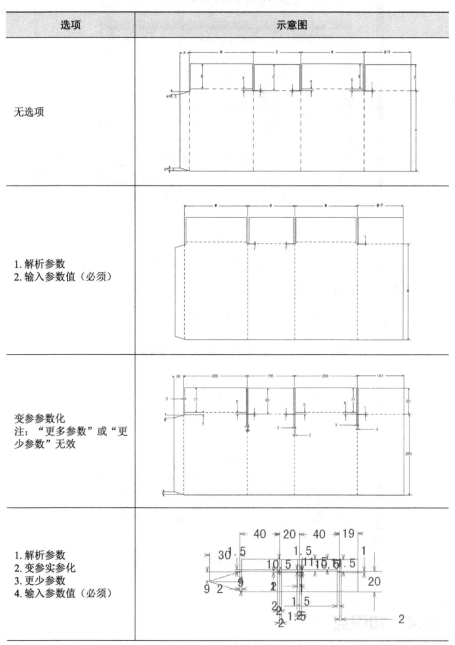
1.解析参数 2.输入参数值（必须）	
变参参数化 注："更多参数"或"更少参数"无效	
1.解析参数 2.变参实参化 3.更少参数 4.输入参数值（必须）	

续表

选项	示意图
1. 解析参数 2. 变参实参化 3. 更多参数 4. 输入参数值（必须）	

注：插入显示居中，是指图形插入后全部显示，且在页面的中间位置。

|第十一章|
用户盒型库的建立及调用

11.1　训练技能

- 如何将自设盒型加入用户盒型库
- 如何调用用户盒型库中的盒型
- 用户盒型库的管理

11.2　训练内容

将异型盒加入用户盒型库，并对盒型库进行相应的修改及调用。

11.3　制作步骤

11.3.1　用户盒型库的加入

①打开软件，打开需要加入用户盒型库的盒型，如图 11-1 所示。

②单击菜单栏用户盒型管理＞加入用户盒型库，打开"添加用户盒型到用户盒型库"对话框，如图 11-2 ～图 11-3 所示。

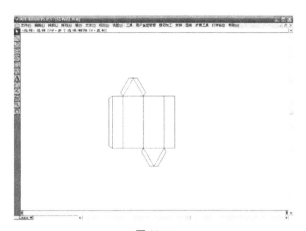

图 11-1

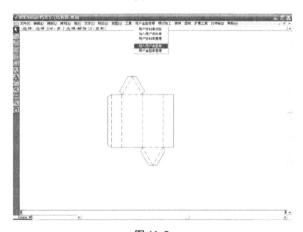

图 11-2

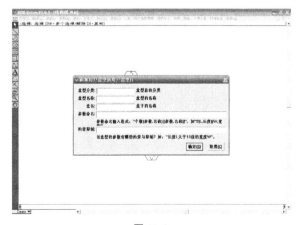

图 11-3

③ 在添加用户盒型到用户盒型库对话框中的盒型分类、盒型名称、盒名、参数命名及约束限制中，输入盒型的信息，便于再次调用，如图 11-4 所示。

图 11-4

11.3.2　用户盒型库信息管理

① 打开软件，单击菜单栏用户盒型管理 > 用户盒型库管理，打开"用户盒型库整理"对话框，如图 11-5 ～图 11-6 所示。

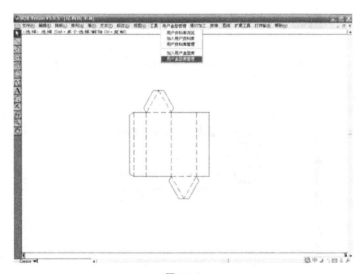

图 11-5

图 11-6

② 在用户盒型库整理对话框中，选中需要修改或者删除的盒型，然后按"修改"或"删除"按钮，对盒型作出相应的修改，如图 11-7 所示。

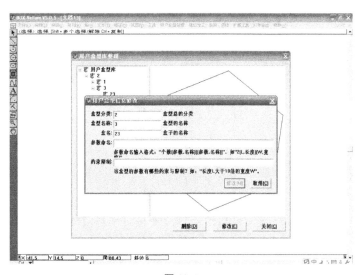

图 11-7

11.3.3　用户盒型库的调用

单击菜单栏文件 > 打开盒型库，打开"盒型库打开与插入"对话框。

再用鼠标左键单击"用户盒型库"文件夹，打开相应盒型即可，如图 11-8 ~ 图 11-9 所示。

图 11-8

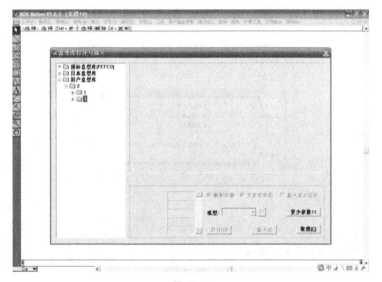

图 11-9

| 第十二章 |
结构图的拼排

12.1 训练技能

- 盒型结构图的拼排

12.2 训练内容

在规格为 787mm×1092mm 的纸板上，拼排曲孔锁合反插式纸盒。

12.3 制作步骤

① 打开软件，单击菜单栏文件>打开，打开需要拼排的纸盒，如图 12-1～图 12-2 所示。

图 12-1

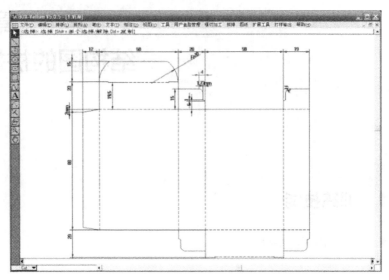

图 12-2

② 单击菜单栏标注 > 隐藏标注，将结构图上的标注进行隐藏操作，如图 12-3 所示。

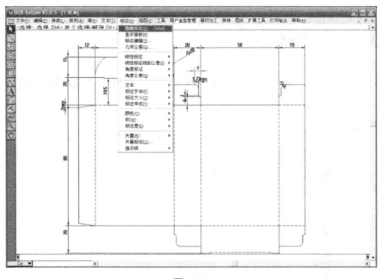

图 12-3

③ 单击菜单栏拼排 > 手工拼排，打开"设定"对话框，如图 12-4 ～图 12-5 所示。

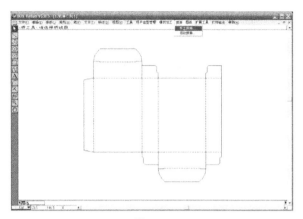

图 12-4

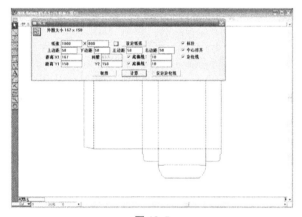

图 12-5

④ 单击"拼排的样式"按钮，选择拼排的样式，如图 12-6 所示。

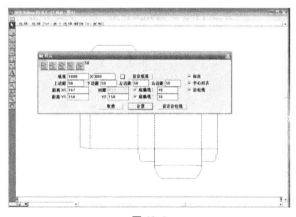

图 12-6

⑤ 在纸张大小输入栏中，输入所选纸张的数值，并且输入相应距离 X、Y 项的数值，使纸盒间保持相应的距离，如图 12-7 所示。

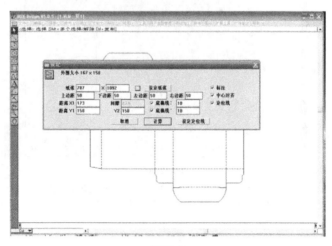

图 12-7

⑥ 单击"设定定位线"按钮，打开"设定拼排用定位线"对话框，设定定位线的长度及颜色，如图 12-8 ～图 12-9 所示。

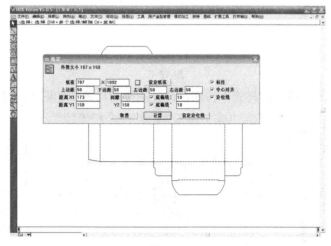

图 12-8

⑦ 单击"设定"对话框中的"计算"按钮，完成盒型的拼排，如图 12-10 所示。

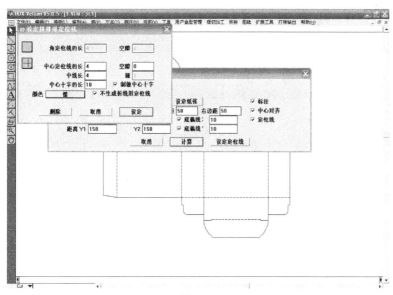

图 12-9

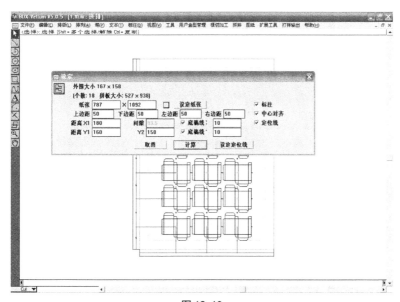

图 12-10

⑧ 单击选取工具 ↖，选中拼排的盒型，然后单击菜单栏模切加工 >
自动桥接 > 执行，形成跳空设置，如图 12-11 ～图 12-13 所示。

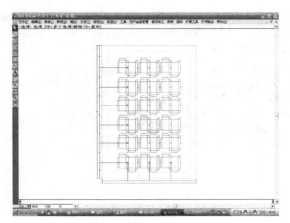

图 12-11

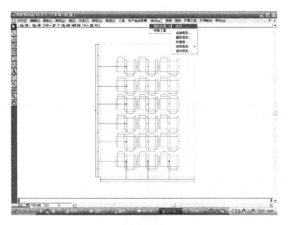

图 12-12

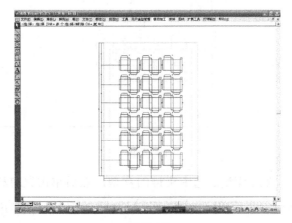

图 12-13

| 第十三章 |

结构图的打印

13.1　训练技能

- 如何进行各种不同方式的打印及页面设置

13.2　训练内容

对需要打印的盒型分别进行占满整个页面的打印、小幅面图形占满整个页面的打印、按比例打印及大幅面盒型的分割打印。

13.3　制作步骤

13.3.1　大幅面图形占满整个页面的打印方法

①打开软件，单击菜单栏文件 > 打开，打开需要打印的盒型，如图13-1～图13-2所示。

②单击菜单栏文件 > 设定打印机，打开"打印设置"对话框。在对话框中设置打印纸的尺寸及走向，如图13-3～图13-4所示。

③单击菜单栏文件 > 预览，对打印盒型进行打印预览，发现盒型不能完全打印出来，如图13-5～图13-6所示。

图 13-1

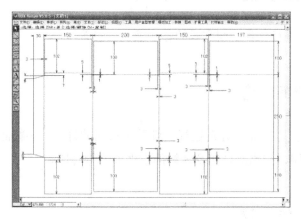

图 13-2

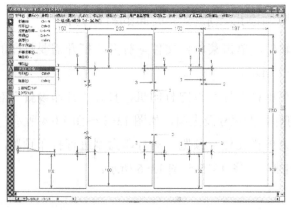

图 13-3

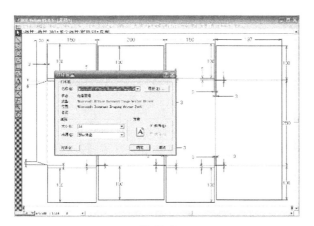

图 13-4

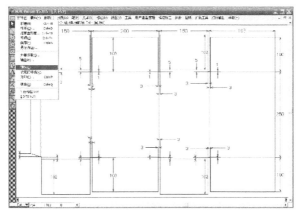

图 13-5

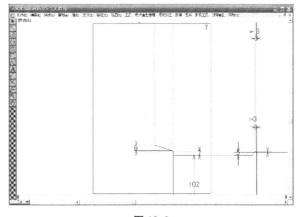

图 13-6

④ 单击菜单栏排版 > 绘图前域 / 标尺，打开"Drawing Sizes"对话框。用鼠标左键单击"适合"按钮，如图 13-7 ～图 13-8 所示。

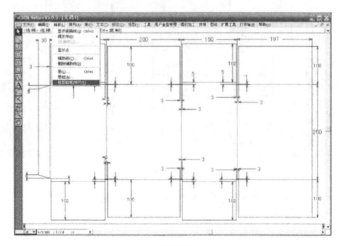

图 13-7

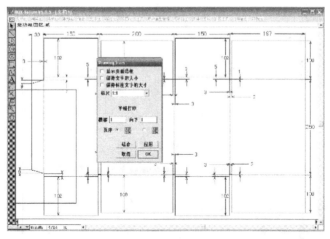

图 13-8

⑤ 单击菜单栏文件 > 预览，对打印盒型进行打印预览，观察盒型是否能完全打印出来，如图 13-9 ～图 13-10 所示。

⑥ 用鼠标左键单击菜单栏文件 > 打印，打开"打印"对话框。然后单击"打印"按钮，如图 13-11 ～图 13-12 所示。

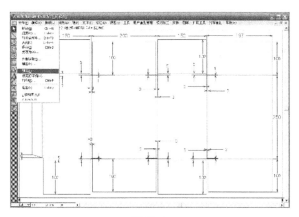

图 13-9

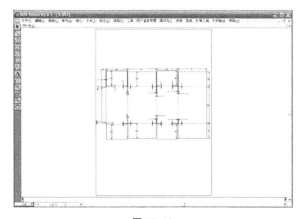

图 13-10

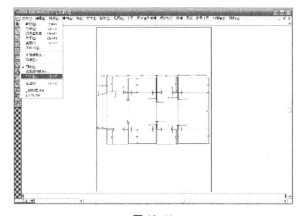

图 13-11

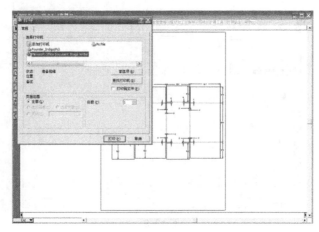

图 13-12

13.3.2　小幅面图形占满整个页面的打印方法

①　打开软件，单击菜单栏文件＞打开，打开需要打印的盒型，如图 13-13 所示。

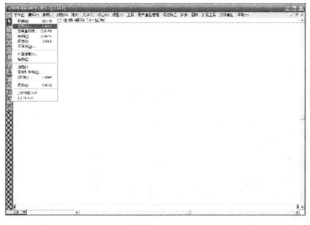

图 13-13

②　单击菜单栏文件＞设定打印机，打开"打印设置"对话框。在对话框中设置打印纸的尺寸及走向，如图 13-14 ～图 13-15 所示。

③　单击菜单栏文件＞预览，对打印盒型进行打印预览，发现盒型不能完全占满整个页面，如图 13-16 ～图 13-17 所示。

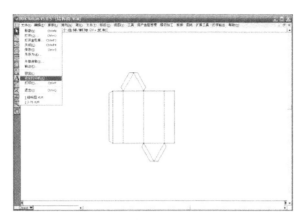

图 13-14

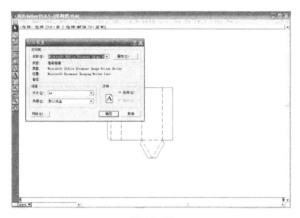

图 13-15

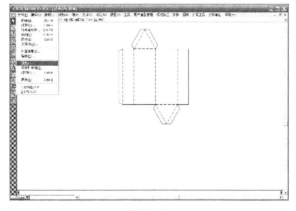

图 13-16

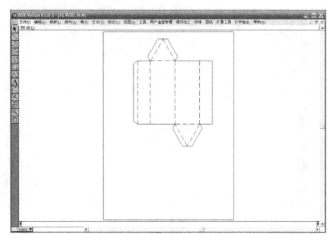

图 13-17

④ 单击菜单栏排版 > 绘图前域 / 标尺，打开"Drawing Sizes"对话框。用鼠标左键单击"适合"按钮，如图 13-18 ～图 13-19 所示。

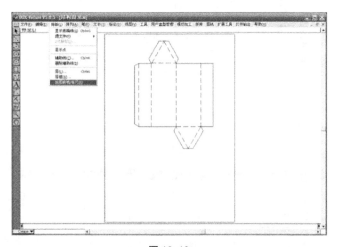

图 13-18

⑤ 单击菜单栏文件 > 预览，对打印盒型进行打印预览，观察盒型是否能占满整个页面，如图 13-20 ～图 13-21 所示。

⑥ 单击菜单栏文件 > 打印，打开"打印"对话框。然后用鼠标左键单击"打印"按钮，如图 13-22 ～图 13-23 所示。

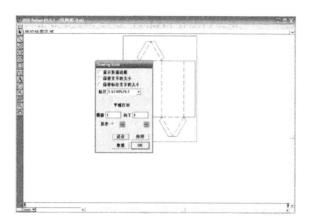

图 13-19

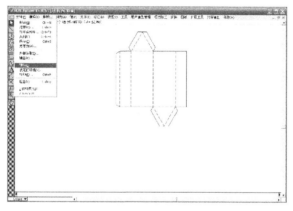

图 13-20

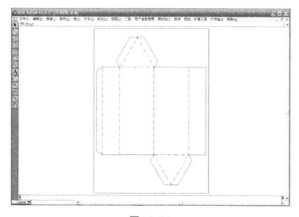

图 13-21

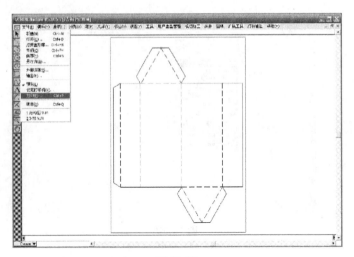

图 13-22

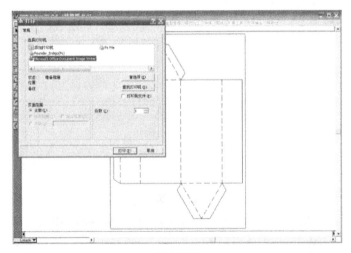

图 13-23

13.3.3　按比例打印盒型

①打开软件，单击菜单栏文件＞打开，打开需要打印的盒型，如图 13-24 所示。

②单击菜单栏文件＞设定打印机，打开"打印设置"对话框。在对话框中设置打印纸的尺寸及走向，如图 13-25～图 13-26 所示。

图 13-24

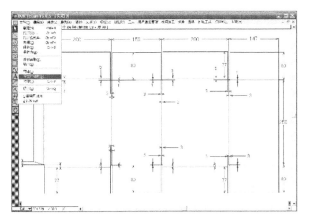

图 13-25

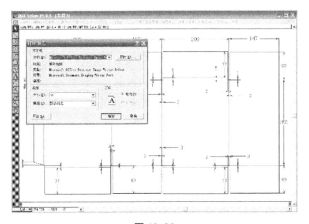

图 13-26

③ 单击菜单栏排版 > 绘图前域 / 标尺，打开"Drawing Sizes"对话框。在标尺选项中，输入比例值或者选择一定的比例，如图 13-27 ～图 13-28 所示。

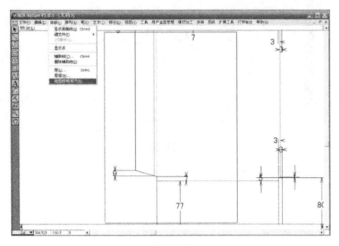

图 13-27

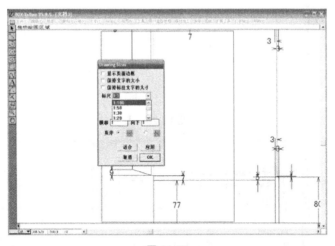

图 13-28

④ 单击菜单栏文件 > 预览，对打印盒型进行打印预览，观察盒型是否符合要求，如图 13-29 ～图 13-30 所示。

⑤ 单击菜单栏文件 > 打印，打开"打印"对话框。然后用鼠标左键单击"打印"按钮，如图 13-31 ～图 13-32 所示。

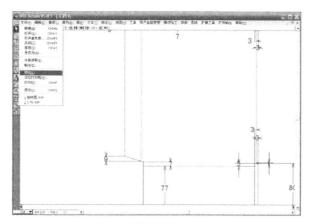

图 13-29

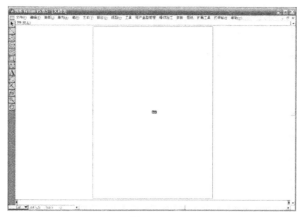

图 13-30

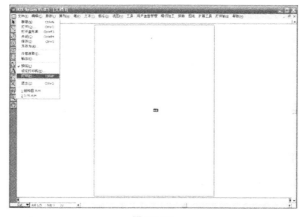

图 13-31

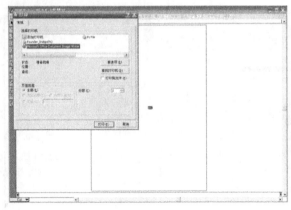

图 13-32

13.3.4　大幅面盒型的分割打印

① 打开软件，单击菜单栏文件 > 打开，打开需要打印的盒型，如图 13-33 所示。

图 13-33

② 单击菜单栏文件 > 设定打印机，打开"打印设置"对话框。在对话框中设置打印纸的尺寸及走向，如图 13-34 ～图 13-35 所示。

③ 单击菜单栏文件 > 预览，对打印盒型进行打印预览，发现盒型不能完全打印出来，如图 13-36 ～图 13-37 所示。

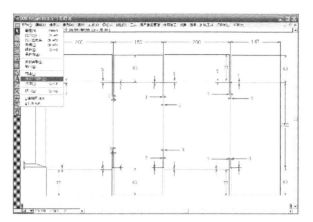

图 13-34

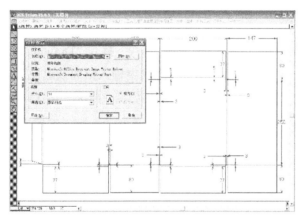

图 13-35

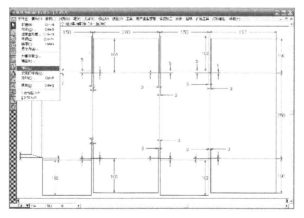

图 13-36

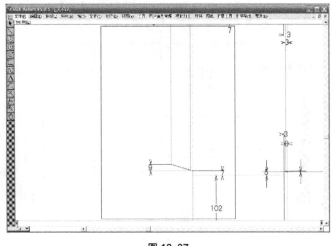

图 13-37

④ 单击菜单栏排版 > 绘图前域 / 标尺，打开 "Drawing Sizes" 对话框。在平铺打印的 "横移" 及 "向下" 选项中输入横向及纵向的纸张的数目，在页序选项中，选择打印时页码的顺序如图 13-38 ～图 13-39 所示。

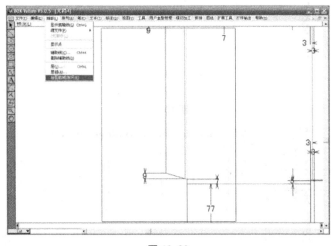

图 13-38

⑤ 单击菜单栏文件 > 预览，对打印盒型进行打印预览，观察盒型是否符合要求，如图 13-40 ～图 13-41 所示。

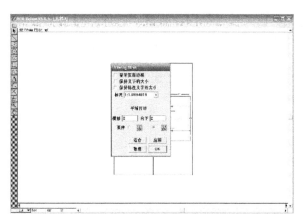

图 13-39

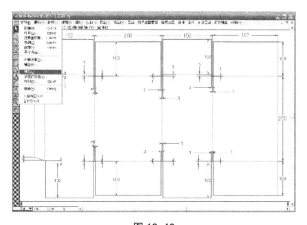

图 13-40

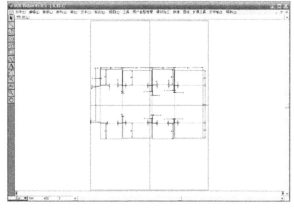

图 13-41

⑥ 单击菜单栏文件 > 打印，打开"打印"对话框。然后用鼠标左键单击"打印"按钮，如图 13-42～图 13-43 所示。

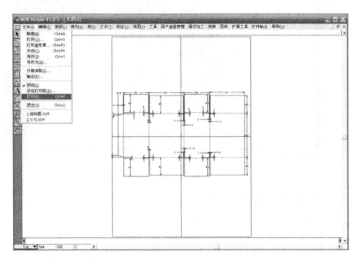

图 13-42

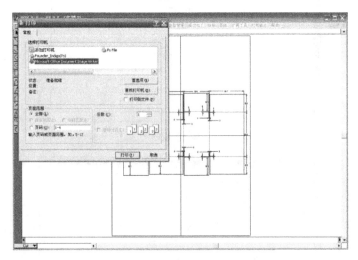

图 13-43

|第十四章|

打样机输出前的准备工作及盒型输出

14.1 训练技能

- 对盒型进行正确无误的设置
- 纸盒结构图的正确打样输出

14.2 训练内容

对纸盒结构图的正确打样输出。

14.3 制作步骤

① 打开软件，单击菜单栏打样输出 > 解锁，对打样输出的设置进行解锁，如图 14-1 ～图 14-2 所示。

图 14-1

图 14-2

② 单击菜单栏打样输出 > 设定笔 > 初始化命令，打开"设定默认值"对话框，并进行设置，如图 14-3 ～图 14-4 所示。

图 14-3

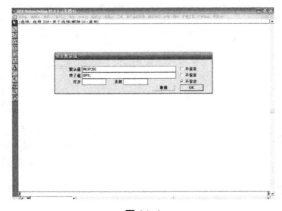

图 14-4

③ 单击菜单栏打样输出 > 设定笔 > 速度 / 名称，打开"设定笔的速度"对话框，并对不同的笔名的速度进行设置，如图 14-5 ～图 14-6 所示。

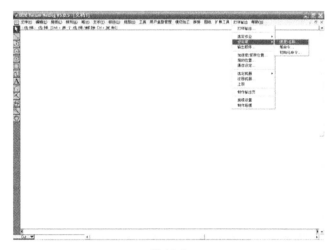

图 14-5

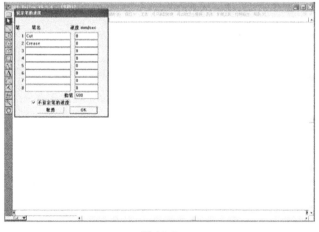

图 14-6

④ 单击菜单栏打样输出 > 设定笔 > 笔命令，打开"设定笔的命令"对话框，并进行一定的设置，如图 14-7 ～图 14-8 所示。

⑤ 单击菜单栏打样输出 > 输出顺序，打开"设定输出顺序"对话框，并进行设置，如图 14-9 ～图 14-10 所示。

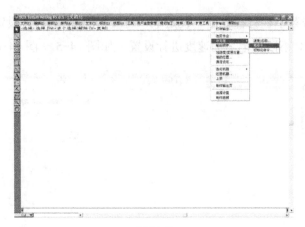

图 14-7

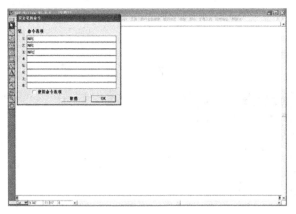

图 14-8

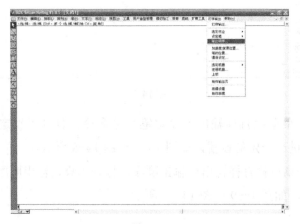

图 14-9

图 14-10

⑥ 单击菜单栏打样输出 > 加速度 / 复原位置，打开"笔的加速度 / 复原位置"对话框，并进行设置，如图 14-11 ～图 14-12 所示。

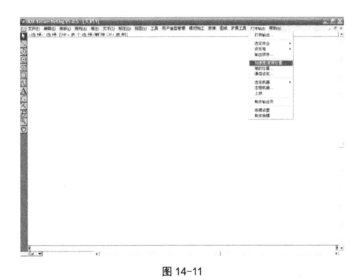

图 14-11

⑦ 单击菜单栏打样输出 > 笔的位置，打开"位置补正"对话框，并进行设置，如图 14-13 ～图 14-14 所示。

⑧ 单击菜单栏打样输出 > 通信设定，打开"通信设定"对话框，并进行设置，如图 14-15 ～图 14-17 所示。

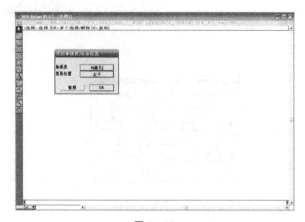

图 14-12

图 14-13

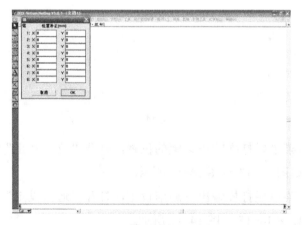

图 14-14

图 14-15

图 14-16

图 14-17

⑨ 单击菜单栏打样输出>选定机器，选定机器的类型，如图14-18所示。

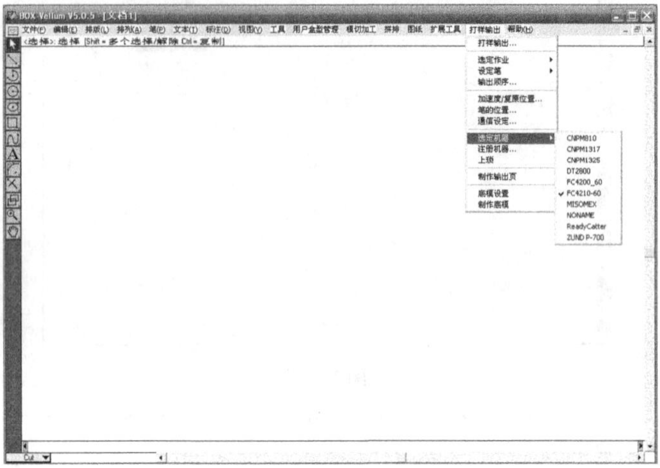

图 14-18

⑩ 单击菜单栏打样输出 > 注册机器，打开"设定打样机"对话框，并对其进行设置，如图 14-19 ～图 14-20 所示。

图 14-19

⑪ 单击菜单栏打样输出 > 上锁，如图 14-21 ～图 14-22 所示。

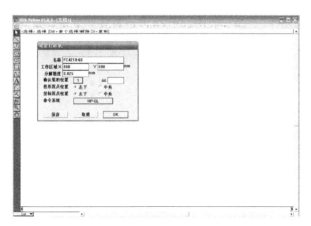

图 14-20

图 14-21

图 14-22

⑫ 单击菜单栏文件 > 打开，打开需要打开的文件，如图 14-23 所示。

图 14-23

⑬ 单击菜单栏扩展工具 > 层间传送工具面板，打开层间传送工具面板。选中折叠线，选中折叠线工具◎，折叠线变成绿色，如图 14-24 ～图 14-26 所示。

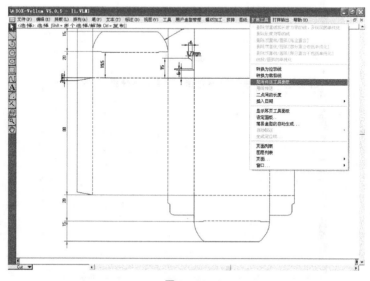

图 14-24

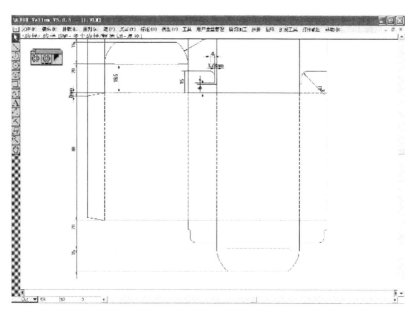

图 14-25

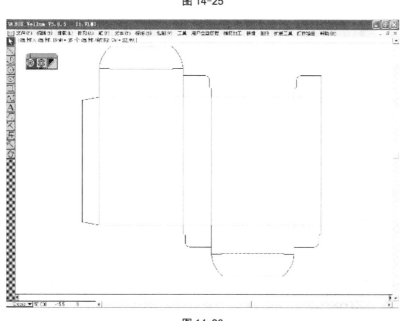

图 14-26

⑭ 单击菜单栏打样输出 > 打样输出，打开"输出"对话框，选择合适的位置进行打样，如图 14-27 ～图 14-28 所示。

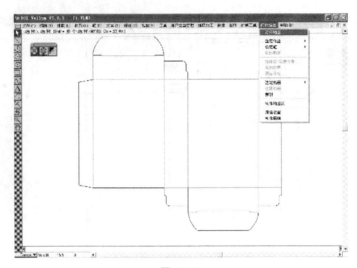

图 14-27

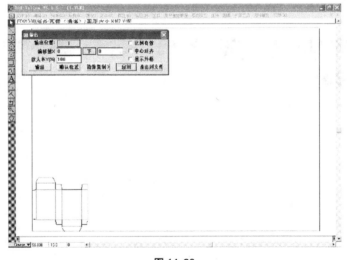

图 14-28

14.4 知识点

输出对话框如图 14-29 所示，其各个选项的意义为：

图 14-29

① 偏移量：确认结构图在 X 轴与 Y 轴及绘图机上平台的位置。

② 放大率（%）：结构图在 Y 轴方向上的缩放比例。当设置为 100 时，X 轴与 Y 轴方向上的缩放比例一致。

③ 比例有效：

a. 若选中此项，则菜单栏"排版""绘图前域 / 标尺"中 Drawing Sizes 对话框中设置的比例有效。

b. 若不选中此项，结构图以实际尺寸输出。

④ 中心对齐：选中此项，结构图位于 X 轴的中心位置。

⑤ 显示外框：选中此项，显示软件所设定的绘图区域的大小。

⑥ 应用：将输入的偏差值和居中状态应用到画面图形中。

⑦ 镜像复制：画面上的图形镜像方向上置换。

⑧ 确认位置：实际确认输出到绘图机中的图形位置。

⑨ 输出：向绘图机输出图形。

|第十五章|
纸盒的打样

15.1　训练技能

- 如何对纸盒的平面结构图进行打样

15.2　训练内容

纸盒的设定及结构图的打样。

15.3　制作步骤

①打开软件。单击菜单栏文件＞打开，将需要打样的纸盒的文件打开，如图 15-1 所示。

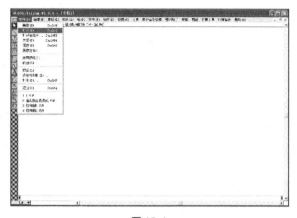

图 15-1

② 单击菜单栏标注＞隐藏标注，将结构图上的标注进行隐藏，如图
15-2～图 15-3 所示。

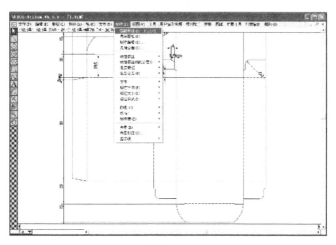

图 15-2

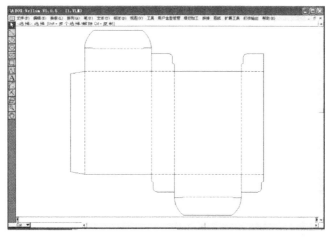

图 15-3

③ 单击菜单栏扩展工具＞层间传送工具面板，打开层间传送工具面板，
如图 15-4 ～图 15-5 所示。

④ 用选取工具 ▶ 选中折叠线，按层间传送工具面板中的 ◎，将折叠线
传递到折叠层，如图 15-6 所示。

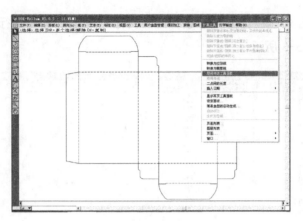

图 15-4

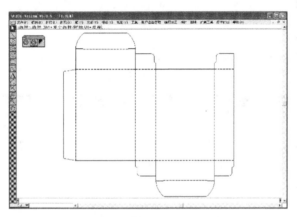

图 15-5

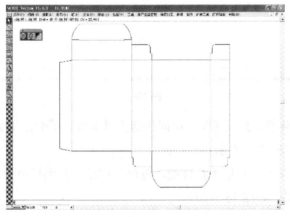

图 15-6

⑤ 单击菜单栏打样输出 > 打样输出，打开"输出"对话框，设定纸盒输出的位置以及是否要进行缩放，然后按"输出"按钮，纸盒即可在切割机上进行打样，如图 15-7 ～图 15-8 所示。

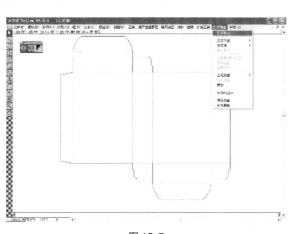

图 15-7

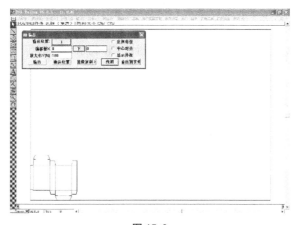

图 15-8

参考文献

[1] 陈昊, 刘乘. CAD 技术在包装结构设计中的应用[J]. 包装与食品机械, 2008, 26(6): 18-20.

[2] 王晨斯, 张新昌. 新型可变容积纸容器的折叠尺寸参数研究[J]. 包装工程, 2010, 31(1): 21-23.

[3] 鄂玉萍, 杨光. 瓦楞纸板展示架的设计[J]. 湖南工业大学学报, 2008, 22(4): 1-3.

[4] 于江, 许自敏. 纸盒结构参数化之压痕线与让刀位问题的探讨[J]. 包装工程, 2008, 29(2): 79-81.

[5] 孙诚, 黄科强, 王涛, 等. 包装结构设计[M]. 北京: 中国轻工业出版社, 2005.

[6] 王德忠. 纸盒结构参数化设计及让刀问题的处理[J]. 包装工程, 2002, 23(6): 52-56.

[7] 王德忠, 方键. 纸盒结构参数化设计 [J]. 西北轻工业学院学报, 2002(10): 89-92.

[8] 李文育. 折叠纸盒模切版在设计时应注意的工艺问题[J]. 包装工程, 2004, 25(5): 146-148.

[9] 成世杰, 孙诚. 纸盒模切板设计的几个问题[J]. 包装工程, 2003, 24(1): 32-34.

[10] DENISON Edward, CAWTHRAY Richard. *Packaging Prototypes*[M]. England: Roto Vision SA, 2002.

[11] 曹利杰. 包装纸盒结构参数化设计[D]. 西安: 西安理工大学, 2005.

[12] 贺萍. 包装设计专业教学研究探讨[J]. 哈尔滨职业技术学院学报, 2010(2): 53-54.

[13] [美]罗斯, 怀本加. 包装结构设计大全[M]. 上海: 上海人民美术出版社, 2006.

[14] 成世杰. 管式纸包装容器的计算机辅助设计[D]. 天津: 天津科技大学, 2004.

[15] 马振国. 基于ArtiosCAD的化妆品三维包装设计[J]. 中国包装, 2009, 29(8): 27-29

[16] 朱晓芳. 矩形折叠中的学问[J]. 中学数学, 2012(24): 27-28.

[17] 郑美琴. 基于Illustrator的二次开发包装设计软件的应用研究[J]. 常州工学院学报, 2012, 25(5): 46-49+81.

[18] 2012—2016年中国包装行业发展现状及投资前景发展趋势分析报告[R]. [2012-04-25]. http: / /www. 51baogao. cn/baozhuang/200902baozhuang. shtml.

[19] 孙诚. 包装结构设计[M]. 北京: 中国轻工业出版社, 2014.

[20] 迟建, 桑亚新, 于志彬. 直接实现海鲜产品包装系统参数化设计的两类方法[J]. 包装学报, 2011, 3(3): 42.

[21] 黄利强, 吴德宝, 黄岩. 异型折叠纸盒CAD系统尺寸标注方法的研究[J]. 包装工程, 2011, 32(11): 36-38.

[22] 刘奇龙, 肖颖喆, 魏专, 等. 可自行扩充图形库纸包装CAD软件的设计与实现[J]. 包装学报, 2013, 5(2): 32-33.

[23] 王冬梅, 李霞, 王军, 等. 包装CAD[M]. 北京: 中国轻工业出版社, 2013.

[24] 陈希荣. 包装整体设计软件系统行业应用成为趋势[J]. 中国工业, 2014(2): 28-29.

[25] 苟进胜. 包装计算机辅助设计[M]. 北京: 文化发展出版社, 2015.

[26] 刘国栋, 张美云, 梁巧萍, 等. 基于Visual Basic与Auto CAD 的包装纸盒参数化设计系统开发[J]. 中国印刷与包装研究, 2011, 3(3): 33-36.

[27] 宋兵, 刘艳飞. 喜糖包装的易开合结构设计研究[J]. 包装工程, 2014, 35(10): 17-20.

[28] 叶海精, 周淑宝. 包装 CAD[M]. 北京: 中国轻工业出版社, 2011.

[29] 姜东升. 基于VRML和JAVA技术的三维包装盒型设计的研究[J]. 包装工程, 2006, 27(5): 58-60.

[30] 李康, 王彩印. 比一比包装设计软件谁好用[J]. 印刷世界, 2007. 1

[31] 周峰, 石晚霞: 包装设计发展新趋势[J]. 安徽文学(下半月), 2010(1).

[32] 宋卫生. 浅谈流行的包装结构设计软件[J]. 印刷世界, 2008(9).

[33] 刘兆明. 包装设计的创新生存[J]. 包装工程, 2006, 27(2): 273-276.

[34] 赵成璧. 浅谈包装印刷企业与ERP II[J]. 中国包装, 2005(4): 91-92.

[35] 马春娟. 包装纸盒CAD软件开发[D]. 西安: 西安理工大学, 2007.

[36] 孙诚. 包装结构设计(第四版)[M]. 北京: 中国轻工业出版社, 2018.

[37] BOX-VELLUM盒型结构设计软件使用说明书.